德國坦克
不敗的祕密

Eisenschwein vor

俄烏戰爭決勝關鍵武器
豹式戰車憑什麼

黃竣民 ——— 著

「James 的軍事寰宇」粉絲專頁主編、
臺灣唯一登上豹 II 戰車的軍武專家

臺灣唯一登上豹 II 戰車的軍武專家，第一手觀察
德國製造精神，如何造出各國最想擁有的陸戰大殺器。

CONTENTS

第 1 章

豈止豹 II ──冷戰後至今,各種現役中的戰車 029

第 2 章　追本溯源——豹、貂、鼬、豬，德國戰車家族

第 3 章

未能量產問世，測試款「概念車」　151

推薦序一
從戰車受災戶，到最強德意志

中華民國陸軍備役中將、前後備指揮官／周皓瑜

從英國人首度開發，並帶領盟軍在西線突破塹壕戰的困境、展開反攻後，戰車這項武器，逐漸在上世紀的地面戰中成為舉足輕重的角色，甚至是**評估陸軍地面戰力的關鍵指標之一**。

雖然德軍在一戰末期，算是被戰車蹂躪的第一個受害者，後來卻在相關戰術與技術上的發展中後來居上，這整個演進過程相當耐人尋味，也是軍事研究者長期喜愛鑽研的主題。

研究過近代軍事史的讀者都知道，德國受到一戰後《凡爾賽條約》（*Treaty of Versailles*）嚴重制約，整體軍備實力規模與條件均遭受打壓，德國人卻依然想盡辦法保持並延續研製戰車的熱情。

除了在硬體上透過偽裝手段瞞天過海，以「農耕機」掩飾其祕密發展的作為，更與外國私下合作，持續開發戰車。

而在戰術運用的思維上，一些如海因茲・古德林（Heinz Guderin，二戰德國陸軍將領）之輩的裝甲兵先驅，也為了組建史上第一支裝甲師而戮力不懈。也就是這樣的轉變，才成功醞釀出後來開戰初期，德軍鐵蹄能以秋風掃落葉之姿橫掃大半歐洲的結果。「閃電戰」，幾乎就是跟德國裝甲部隊畫上等號的產物，還有一批戰車王牌的戰鬥故事，更令軍迷們津津樂道！

　　冷戰期間，西德重新在中歐擔負起中流砥柱的角色，當時高峰期的裝甲部隊可是擁有四、五千輛裝甲車的實力，而在戰車工藝上的成就，更在世界舞臺上發光發熱，「豹 II」（Leopard II）式戰車，也常被西方軍事家評為當代四大名車之一。

　　儘管柏林圍牆倒塌之後，世界迎來和平的新局勢而讓各國大幅度裁軍，當資源不再過度挹注於武器裝備的更新換代之際，德國戰車又令世人見識到它們在設計時就預留的升級空間。即便 40 年過去了，裝甲部隊的豹 II 戰車和「貂鼠」（Marder）步兵戰車依舊能夠馳騁在不同的沙場上，為它們的使用者提供強大可靠的機動火力與防護能力。

　　作者黃竣民在軍事著作上的成就，以及對軍武研究的執著鑽研，一直以來大家有目共睹。他憑藉著超乎常人的堅毅及服役期間的所學專長，並參酌國外軍事訓練、戰具發展，持續不斷對陸軍兵科戰術戰法提出獨到見解；更劍及

　　履及，不僅數度訪問了多座德軍基地、兵工廠與博物館，甚至親身試乘／試駕德國主力戰車。

　　書中對德國戰車的百年研製歷史有考證翔實的描述，包括從最早的 A7V 戰車開始，到最新推出的 KF-51「黑豹」（Panther）戰車，還罕見的曝光了冷戰時期的一些試驗性車款，並運用許多珍貴照片闡述德國戰車主要的演進歷史，圖文並茂、內容豐富精彩，愛好軍武者又怎能錯過！

周皓瑜

推薦序二
屬於戰車的時代，還沒有結束

前德國陸軍總監、布倫森北約聯合部隊司令部司令／
約爾格‧傅美爾退役上將（Jörg Vollmer）

打從戰車概念出現的那天起，人們一直針對這些車輛的實用性辯論不休。戰車的生產、操縱和駕駛皆不容易，一旦部署之後就變得極其脆弱，戰車從來都不是如其外表看起來的完美裝置。但儘管如此，這項武器卻無疑改變了二十世紀的作戰方式。

戰車運用的目的，是透過其獨特科技所形成的防護力、火力和機動力優勢，執行具侵略性、機動性和衝擊性的行動，迫使敵人為應付戰車的衝擊而失去戰場主動權。戰術成功的關鍵，即是以部隊的速度與組織，掌握時機與情資，拿下戰場。

一場戰役的勝負與否，往往被迅猛的戰術所左右。在這種情況下，雖然戰車仍占有一席之地，但所有作戰行動中最重要的因素——是部隊的組織，以及行動的速度。

現代戰場與第二次世界大戰仍有許多共同點，假若戰車在沒有遮蔽的情況下，被空中火力或砲兵鎖定，通常不太有倖存的可能。但這樣就能宣告戰車無用了嗎？不，它仍然是一種可靠的載具。**在可預見的未來中，裝甲部隊仍會是機動作戰和合成兵種的主角。**

有個不少人應該都聽過的謬論，可追溯到俄羅斯入侵烏克蘭初期，當時俄羅斯裝甲部隊

在朝基輔推進時遭到重創，大多數軍事評論員都認為：「嗯，這證明戰車的時代已經結束了。」但我們卻在後續的戰爭中見證，他們對戰車的態度似乎又有了一百八十度大轉彎！

從「雙亞衝突」[1]，也就是「納戈爾諾－卡拉巴赫」戰爭（Nagorno-Karabakh War），到最近的俄烏戰爭都在在顯示，戰車在現代戰爭中仍至關重要，它們的弱點都被過度誇大了。

俄羅斯戰車的損失慘重可以用部署錯誤、計畫不周、步兵協調不力和烏克蘭以砲兵壓制來解釋。而「標槍」飛彈（Javelins）和其他輕型反裝甲武器在烏克蘭的運用，並沒有證明戰車已經落伍，就如同 1973 年「贖罪日戰爭」（Yom Kippur War）中的「水泥箱」反戰車飛彈（Saggar anti-tank guided missile）一樣[2]。

擁有火力的機動裝甲載具仍然是陸戰的中堅力量，但戰車需要在足夠的合成兵種支援下部署，否則就像其他武器一樣脆弱。毫無疑問，戰車有必要減輕重量並提高防護力，無論採用物理方式或應用多層次裝甲的顛覆式新技術，都是讓戰車在戰場上持續擔當大任的關鍵。

技術和戰術的重要性，在於持續讓戰鬥隊伍承擔戰時各階段的行動，同時以新穎的戰術和反制措施，來對抗無人機與其他潛在威脅。

本書對戰車的發展及其作戰方式演變，有非常高明深入的描述。二十多年來，我們都過分關注應對危機的措施，隨著 2022 年夏天在馬德里舉行的北約[3]峰會上做出的決議[4]，大家的焦點都有了巨大的變化，威懾和防禦北約領土再次成為聯盟核心目標。儘管有各種新技術發展與應用，裝甲部隊仍將會是我們國防的脊梁。

From the day that the concept of a tank was introduced there has been debate about the utility of these vehicles. Hard to build, difficult to man and drive, and ultimately vulnerable once deployed, tanks have never been the perfect package that they externally represent. But with no doubt they changed the way of warfighting in the Twentieth Century.

The purpose of a tank is to utilise its unique technologically enabled strengths of protection, firepower, and mobility to deliver aggressive, mobile, shock action to exploit the enemy's loss of initiative in response to the tank's effects. The key to tactical success is the speed and organization of a complete force, coming together at the right moment with the right information to win the battlefield.

A conflict will be decided through rapid and aggressive action. There is certainly a place for the tank within this scenario, however the most important element of all operations will be the organization of the forces involved, and the speed with which they act.

The modern battlespace has much in common with those of the Second World War; if tanks are caught in the open by aerial or artillery assets, they are unlikely to survive. But is the tank dead? No. It remains a credible platform. Manoeuvre Warfare and Combined Arms for the foreseeable future will continue to rely on armoured forces.

There is a fundamental paradox here, and this comes back to the beginning of the attack of Russia on Ukraine, when the destruction of all the Russian tanks as they advanced on Kyiv right at the beginning made the majority of military commentators at the time say, "Right, well, this proves that the era of the tank is over." But we are all witnessing a slight U-turn, in attitudes to the tank in warfare.

The available data from Russia's war Ukraine, as well as the recent war in Nagorno-Karabakh, indicate that tanks are still critical in modern warfare and their vulnerabilities have been exaggerated.

Russia's heavy tank losses can be explained by employment mistakes, poor planning and preparation, insufficient infantry support, and Ukrainian artillery. The use of Javelins and other light anti-tank systems in Ukraine has not demonstrated that the tank is obsolete any more than the Saggar anti-tank guided missile did in the 1973 Yom Kippur War.

Mobile armoured platforms with firepower are still the backbone of land warfare. But tanks need to be employed with adequate combined-arms support. Otherwise, tanks, like any armament, will be vulnerable. It is without doubt necessary to establish ways to increase protection at reduced weight, whether physical or with disruptive technologies in the outer layers of the survivability onion, are critical to keep the tank to the apex position in the battlefield.

The evolution of technology and tactics continues to enable and reinforce the importance of effective combat teams and battle groups able to undertake all phases of wartime operations while adapting new and innovative tactics and countermeasures to address drones and other means.

This book provides a very sophisticated overview of the development of the tank and how it changed the way of warfighting. For more then two decades we all were too much focussed on Crisis Response Measures. With the decisions made at the NATO summit last summer in Madrid, the focus has shifted dramatically. The deterrence and defence of NATO's territory is again the core function of the alliance. Despite all new technological developments armoured forces will continue to be the backbone of our defence.

1　2020 年底，亞美尼亞與亞塞拜然兩國間的軍事衝突。

2　該款飛彈在贖罪日戰爭中摧毀超過 800 輛以色列戰車和裝甲車，卻仍未動搖戰車在戰場上的地位。

3　編按：北大西洋公約組織（North Atlantic Treaty Organization），簡稱北約（NATO），於二戰後成立的西方國家軍事同盟，與當時以蘇聯為首的共產黨國家軍事同盟 —— 華沙公約組織（Warsaw Treaty Organization，簡稱華約）為相互對抗之關係。

4　該次峰會主要討論 2022 年俄羅斯入侵烏克蘭、芬蘭和瑞典入盟申請事宜，北約決定將反應部隊的規模再擴大六倍。另外，此次北約聯盟提出新的戰略概念，指出「俄羅斯的侵略是最重大和直接的威脅」、「中華人民共和國對北約的安全、利益和價值觀已構成系統性的挑戰」，以及俄中兩國「不斷深化的戰略夥伴關係」將是北約未來的主要關注事項。

自序
臺灣囝仔的德國戰車夢

從小我就常聽長輩談論德製軍械的故事，例如臺語俗諺「德國槍、俄羅兵」（意旨德國製造的槍枝十分精良，俄羅斯的軍人驍勇善戰），迄今仍深深烙印在腦海中。因此我在青少年求學期間，除了對軍事書刊感興趣外，也開始接觸飛機、戰車等軍事模型（雖然此時還得勒緊褲帶，將所有零用錢存下來才能購買）；而為了實現把玩這些真槍實砲裝備的夢想，國中畢業後，我不顧家長反對，毅然決然報考軍校。

隨著年紀增長，與學習過程中接觸到更多軍事史料，讓我對德國裝甲部隊的歷史、人物與裝備的興趣越來越濃厚。

在接受正規軍事教育期間，得知國軍還有到國外受訓的機制，當時讓年少的我心存幻想，希望有朝一日也能夠到德國受訓，一圓我能實際比對從書上認識的德國軍隊、武器的機會！

翻譯德國名將著作，更親赴德國尋根

在卸下科長職務、軍旅生涯邁入最後四分之三時，我開始有其他的生涯規畫，到「國防語文中心」特語班[1]學習德語。

當時這是國內、甚至整個國軍內都極度冷門的語種，還記得要離開單位之前，更被旅上的長官嘲諷了一番，但我只是想延續我的興趣，並沒有忘記成為「為國軍喉舌，做中外橋梁」的幹部，為軍事外交貢獻所長，所以別人異樣的眼光，我並沒有太過在乎。

後來，我偶然有機會讀到德國名將「沙漠

之狐」（Desert Fox）埃爾溫·隆美爾（Erwin Rommel）的戰術著作《步兵攻擊》（*Infanterie greift an*），便費盡心思將其翻譯完畢，更掏出自己的積蓄向德國出版社買下了繁體中文版權，最終在臺灣出版。

或許是冥冥之中的使命感作祟，我在接著讀完「德國裝甲兵之父」古德林的《注意，戰車！》（*Achtung Panzer!*）一書後，又以同樣的方式向英國出版社買下了版權並在臺出版。這樣幾近瘋狂的行徑，不知道國內會有多少軍人、軍事研究者、軍事迷們願意如此投入？

或許天公疼憨人，這一切的傻勁與付出，在幾年後開始有了意外的發展。在一次接待外賓的場合中，我有機會與當時德國在臺協會處長歐博哲（Martin Eberts）有了一次簡短談話，並請他促成我在退伍前赴德訪問的請求，於是我就這樣踏上了自己所命名為「尋找德國三大名將」的旅程！

軍人世家的底氣，不容小覷

2015 年 7 月，這一趟非官方的軍史偉大人物主題行程規畫於焉展開，也牽引出一連串我與德國之間，不止於裝甲兵的特殊情緣（後續還包括了傘兵和海軍潛水艇艦隊等）。除了如期走訪分別位於赫林根（Herrlingen）、哥斯拉（Goslar）和多夫馬克（Dorfmark）等地，這些一代名將：隆美爾、古德林、埃里希·封·曼斯坦（Erich von Manstein）等人的長眠之處外，我更在斯圖加成為隆美爾家族後人的座上賓，和其媳婦莉絲洛特·隆美爾（Liselotte Rommel）

圖 0-1：與隆美爾將軍後人——莉絲洛特·隆美爾女士暢聊歷史大事。

女士暢聊「7月20日事件[2]」、「隆美爾號驅逐艦」（D 187）下水典禮等歷史大事，氣氛是那麼愉悅，更從她手中獲贈隆美爾的親筆簽名元帥照片、義大利戰場通巴山（Mt. Tomba）地形要圖原始手稿和不少書籍，讓我感受到這位當時已八十餘歲的老婦人止不住的親切。這些過程後來也在我另類、且公開的退伍派對上與讀者們分享。

不過，這樣的親切並沒有複製在古德林的家族後人！儘管在德國前陸軍副總長尤根·烏芙爾（Jürgen Ruwe）中將的安排下，我得以懷著忐忑不安的心情前往福森（Füssen），先前我已嘗到多次熱臉去貼冷板凳的慘痛經驗，甚至連打電話聯繫時手都不受控制的顫抖，深怕只要說錯一句話，就會跌落萬丈深淵。

儘管屢次嘗試都被潑冷水，但為了實現給自己訂定的使命，我仍硬著頭皮、頂著鋼盔向前衝，冒著攝氏 8 度的低溫徒步 1 小時走到古德林宅邸門口。而這一切，就在我實際登門拜

訪古德林上將的孫子：退役中校岡瑟·古德林[3]（Günther Guderian）後，情況才有一點改善。

我將他祖父著作的中文版親自送上，在其宅邸庭院的會談中，也得以翻閱到一些私人收藏的文件，並見證二戰德軍參謀的作業水準是如此令人驚嘆。我甚至發現，國軍前陸軍副總司令施震宙中將寫給他父親：西德聯邦國防軍少將海因茲·岡瑟·古德林[4]（Heinz Günther Guderian）的信件，也陳列其中！

後來，我轉赴蒙斯特的「戰車博物館」

圖 0-2：與古德林將軍後人——岡瑟·古德林會面，翻閱歷史文件。

（Deutsches Panzermuseum Munster，縮寫為DPM）參觀，想一睹那些以往只在書本或舊照片中出現的戰車實物，並與時任「蒙斯特訓練中心」[5]（Ausbildungszentrum Munster）指揮官諾伯特・瓦格納[6]（Norbert Wagner）准將短敘，參加了「莉莉・瑪琳日」（Lili-Marleen-Tag）的活動。就是在這樣的機緣下，後來我有機會受邀觀摩德國陸軍名為「資訊學習」（Informationslehrübung，縮寫為ILÜ）的年度演習，**而且這一受邀就是連續 3 年，成為德軍們最熟悉的一張東方臉孔。**

在觀摩演習期間，我除了努力貼近德國陸軍的裝備與了解訓練實況，並將拍攝到的裝備素材集結出版，分享給國內外中文讀者外，也在卑根（Bergen）的演習場合上，將個人著作呈獻給時任德國陸軍總監約爾格・傅美爾中將，並重啟了那一段塵封超過半世紀、幾乎已被國人遺忘的德籍顧問團歷史[7]，也讓演習場上的德軍們正式注意到我這位來自臺灣的退役軍官。

圓夢的一大步，登上豹 II 戰車

在這些場合不斷出現的積極作為，後續也讓我結識到更多德國軍方人士，包括：每次在蒙斯特接待我的庫珀（Küpper）中校，他除了帶我體驗射擊模擬器的運作，更讓我有機會進入「第 93 戰車教導營」（PzLehrBtl 93）參觀。

該營協會的副主席卡爾・海因茲・托尼森（Karl Heinz Thönissen）退役中校，則提供了我許多西德重建軍備後裝甲部隊的發展紀實資料。還有陪著我上駕訓課程與駕駛模擬器的沙皮特（Schapeit）上尉、卡利斯（Kalies）士官長，帶我完成豹 II 試駕的齊曼（Ziemann）士官長等人。

當我在蒙斯特訓練場爬上豹 II A6 戰車，喊出那一聲長久以來夢寐以求的「Panzer Vor！」（戰車前進）時，內心的悸動與感觸絕非筆墨能夠形容，畢竟這是國內多少軍迷只能羨慕的一刻。但是，又有多少人能體會我為了完成這個年少時的夢想，付出了多少心力，與

過程中所遭遇的種種酸甜苦辣呢？

在拍攝館藏裝備期間，戰車博物館負責管理陳展裝備的副館長亞歷山大（Alexander）中校，除了**在閉館日獨自讓我進館，並在無外界干擾下為我導覽外**，也讓我理解到陸軍裝甲偵察部隊（Heeresaufklärungstruppe）的角色，更主動協助我的需求，讓館長拉爾夫・拉斯（Ralf Raths）**同意我進入車內進行難得的拍攝事宜**。他在交接出副館長職務後仍與我保持聯繫，更說好要我下次去他的新單位參觀，不過令人遺憾的是，幾年前他卻因一場跳傘活動而意外喪生。痛失這位性情開朗的友人，實在令我難過許久。

踏足軍備庫房、萊茵金屬工廠

由於越來越多德國軍方人士知道我這位來自臺灣的軍事作家，在「第 93 戰車教導營」副營長的偶然引薦下，由專案經理米歇爾・岡瑟博士（Dr. Michael Günther）帶我到位於翁特爾呂斯（Unterlüß）的「萊茵金屬」（Rheinmetall）

公司私人博物館參觀，後來也在因緣際會下結識了許多該公司其他部門的經理們：也喜歡收藏書刊的愛德華多・維恩・馬汀尼斯（Eduardo Veen Martinez）；一起在基爾淋雨喝啤酒、享受生活，沒想到後來還能約在新加坡見面，討論後續到廠內參訪產品細節，並接受我專訪的達沃・本丁（Davor Bendin）；與我一同討教戰車防護科技的舒爾茲（Schulz）等人。

有賴於這些友人的精心安排，我才能在不同年度進入不同地方的廠房，見識到包括：120mm 戰車滑膛砲、「美洲獅」（Puma）步兵戰車、MAN 卡車生產線作業實況，和新銳的 KF-41「山貓」（Lynx）步兵戰車等第一手資訊，這些所見所聞，也都成為出版著作或粉絲專頁上與軍迷們分享的素材。

在戰車競賽現場，獻上來自臺灣的作品

2016 年 5 月，美國駐德的「第 7 軍團訓練指揮部」在格拉芬沃爾（Grafenwöhr）訓練場

圖 0-3：我是第一位試駕豹 II 戰車的臺灣囝仔。

無預警的舉辦了名為「堅強歐洲戰車挑戰賽」（Strong Europe Tank Challenge）的軍事競賽活動，這立刻就引起我這位戰車迷的興趣。畢竟對於德軍的戰車王牌諸如：米歇爾・魏特曼（Michael Wittmann）、奧托・卡利歐斯（Otto Carius）之輩，軍迷們早已耳熟能詳，而且「加拿大陸軍盃」（Canadian Army Trophy，縮寫為 CAT）射擊競賽也早已停辦，如今又有能目睹裝甲兵射擊競技的機會，我當然不願錯過。

當蒙斯特訓練中心內的好友知道我對這比賽興致勃勃，因此又幫忙聯繫了美軍的承辦單位，讓我得以順利前往觀賽。就這樣，其戰車射擊競賽的水準至今仍烙印在腦海中。觀賽期間，我也有機會與時任「美國駐歐陸軍司令部」[8]（United States Army Europe）指揮官的班・霍奇斯[9]（Ben Hodges）中將，討論該競賽與俄羅斯主辦的「坦克兩項」（Tank biathlon）競賽差異之處。而隔年我以此主題集結成冊的作品《戰車道：NATO 銀盃的考驗》，也在場上獻給「第 7 軍團訓練指揮部」的指揮官克里斯多福・拉尼夫（Christopher C. LaNeve）准將，還登上了法新社（AFP）新聞報導畫面[10]。

了解德國戰車，是拓展軍武知識的第一步

眾所皆知，臺灣在國際上的處境有些特殊，在國際軍事的議題上更是敏感，如果一味的堅持舊框架，將無法獲得新視野。尤其是談到武器裝備時，**臺灣長期以操作美系裝備為主的情況下，許多有價值的討論空間都在「軍購結果論」[11]**

的前提限縮下失去了意義，各項軍購幾乎都出現「先射箭、再畫靶」的不合理情況。

再者就是市場導向的現實影響，讓國內在從事軍事研究領域的人員，心態上似乎受到嚴重的扭曲，成為軍武界中特殊的「世界美國觀」。只能說，**沒有一個國家的軍工是十項全能或樣樣頂尖，即使是工業基底雄厚的先進國家亦然，**總有值得去分析、研究、參考之處，況且這還牽涉到地緣政治的發展背景。所以，青菜蘿蔔

圖 0-4：在堅強歐洲戰車挑戰賽現場，獻上《戰車道》一書。

各有所好，讀者何不放開心胸，多去了解美系以外的武器裝備發展，或許還能了解何謂「不是比較差、而是買不到」搥心肝的遺憾！

從俄羅斯對烏克蘭展開軍事行動後，一年多以來，媒體幾乎天天給國人精神轟炸，加上「全民國防」的口號喊得震天價響。要說誰能從中獲利？各軍工企業當然跑不掉！**光看德國萊茵金屬公司這一年的股價變化，就已經漲了近 1.7 倍**，而如果從 2014 年的克里米亞危機爆發後算起，股價更已漲了超過 5 倍之譜。所以，戰爭中肯定有人會發戰爭財，但實際被捲入戰事的國家人民卻只有人為刀俎、我為魚肉的悲哀，一般人不應對戰爭存有任何美麗的幻想。

因此，**如何在建軍備戰上下功夫，而用軍事實力取得止戰的門票，才是人民應該有的共識。**多吸收正確的軍武知識與常識，才是落實「全民國防」的正途之一，而不是被媒體全天強播的「認知作戰」節目給蒙蔽了智商，最後淪為臺版義和團的笑話！

德國戰車歷史悠久；戰車王牌們的輝煌紀錄也無他國能及；其工藝水準更幾乎是同時期的精品等級；裝甲兵的訓練程度也眾所皆知。**而如何讓這些戰車繼續在地面戰爭中，維持不敗的戰績與高度的話題性，靠的就是背後那些具備德國精神的設計師、工匠和裝甲兵。**

　　從 2015～2018 年間（之後受到疫情影響而無法成行），我總計 7 趟德國的參訪行程雖然所費不貲，還有其中那些無法與外人道的心酸與艱辛，但憑藉著臺灣囡仔的執著與傻勁，我非常高興能有機會透過本書，向讀者分享其中的點滴，也算是圓了自己的夢想吧！

1　目前開設有日、俄、法、韓、阿、西、德、土語等班隊，訓期延長為 75 週。

2　二戰後期，由「德國抵抗運動」主導，說服軍方刺殺納粹德國元首阿道夫・希特勒（Adolf Hitler）與後續政變行動，密謀藉此推翻納粹政權、進而和同盟國達成和平協議的事件。

3　自傘兵部隊退伍後，岡瑟・古德林目前擔任「阿爾滕斯塔特傘兵博物館協會」（Förderverein Fallschirmjäger-Museum Altenstadt）的財務長，並為當地收容的難民擔任語言教學志工，默默為那些難民儘早融入德國的生活付出。

4　海因茲・岡瑟・古德林在二戰後加入聯邦國防軍，最後跟父親一樣，擔任「裝甲部隊總監」一職，並於 1974 年退休。

5　這個名稱從 2008 年 3 月 6 日至 2021 年 3 月 31 日使用，後來更名為「裝甲部隊學校」（Panzertruppenschule）。

6　目前在波蘭比得哥什（Bydgoszcz）擔任「北約聯合部隊訓練中心」（NATO Joint Force Training Centre，縮寫為 JFTC）少將指揮官一職。

7　其父親克勞斯・傅美爾（Klaus Vollmer，1968 年時官拜少校），曾經是蔣介石時期德籍軍事顧問團的重要一員，其撰寫過一篇對國軍營測驗的觀察報告，甚至讓老蔣總統閱之而不忍掩卷。

8　美國陸軍於 2020 年 11 月 20 日，正式將美國「非洲司令部」（AFRICOM）與「歐洲司令部」（EUCOM）合併後改稱「美國歐洲與非洲陸軍」（USAREUR-AF）。

9　霍奇斯於 2018 年退休後，成為智庫「歐洲政策分析中心」（CEPA）的戰略研究潘興主席（Pershing Chair）。

10　目前拉尼夫已升任第 82 空降師的少將師長，並在俄烏戰爭期間部署於波蘭境內。讀者可於此連結觀看該新聞報導：

11　認為其他國家不會軍售給臺灣，所以不必花費時間了解的先入為主觀念。

前言
公認的戰車中精品，卻鮮少登場

遙想當年，經歷過兩次世界大戰之後，美、蘇兩大陣營的敵對狀況尚未緩解，並把戰爭型態轉換成軍備競賽性質的「冷戰」，不過隨著後來柏林圍牆倒塌，這場冷戰反而意外和平落幕了，當初眾人預期會在歐洲大陸爆發的大規模地面戰爭並沒有發生。然而，在 2022 年俄羅斯入侵烏克蘭的「特別軍事行動」遲遲無法收尾之時，北大西洋公約組織及世界多國陸續軍援烏克蘭以對抗俄羅斯，進而形成了俄羅斯一國對抗整個北約的態勢。

當大家把飛彈、火箭砲和無人機等武器接連運給烏克蘭軍方使用時，戰況仍然膠著的拖過了第一年。而在國際上，大家關注德國的反應卻變相成為一種指標，尤其是今年（2023 年）

初時，德國總理奧拉夫・蕭茲（Olaf Scholz）終於同意將一批豹 II A6 型主力戰車軍援給烏克蘭，並協助其組建兩支戰車營的消息，瞬間成為全球關注的焦點。

大眾或許更想知道，豹 II 戰車到底有什麼樣的魔力呢？不然怎麼在新聞的震撼度上，遠遠凌駕了海馬斯（HIMARS）多管火箭砲、彈簧刀（Switchblade）自殺無人機、標槍反裝甲飛彈等武器？

大家都知道，即便豹 II 戰車鮮少參與全球各地的地面戰爭，實戰經驗著實遠不如美國的 M1「艾布蘭」（Abrams）、英國的「挑戰者」（Challenger）等主力戰車，此乃與德國本身複雜的政治與歷史情結有關，不過這些都無損德

國戰車在外人印象中的精品地位，不然也不會有如此受歡迎的銷售成績。

為了解豹式戰車，親赴德國受訓

隨著俄烏戰事推移，烏克蘭軍方終於獲得了這款他們夢寐以求的主力戰車，相信對於提升烏軍部隊作戰信心有極為重大的意義。而這也是二戰之後，德國戰車再度開進前蘇聯領土，並有機會再上演一場「坦克大決戰」的戲碼，想必這在軍事史上又是一篇嶄新的篇章！

儘管如此，好的裝備也得交給懂得妥善操作的官兵，烏克蘭的裝甲兵能否將手上的利劍發揮出應有的戰鬥力，大家可是引頸期盼。如果只是端出跟先前土耳其軍隊一樣的成績，而辜負了豹Ⅱ戰車的威名，那還不如不要編成這兩支戰車營。畢竟，**還有很多國家想買都買不到呢！**

看著目前還有不少有錢的國家，捧著大把鈔票、排隊等著要買豹Ⅱ，就知道它的魅力所在，甚至中國也曾在上個世紀對它垂涎不已，並認真就採購與德方多有接觸。德國克勞斯·瑪菲公司讓當時戰車工藝仍落後的中國工程師們對該型戰車印象深刻，只可惜，當時的中國因經濟實力有限買不起這種高端裝備，唯一的機會也就因此錯過。

因此，早已習慣於操作俄系戰車的烏克蘭裝甲兵，肯定得調整訓練思維模式，才能將這些鋼鐵巨獸發揮最大的效果。先前許多專家都已經發表了「戰車無用論」，而支持此一論點者也甚囂塵上，不過在這場目前還無法善了的軍事衝突中，即便戰場上飛彈、火箭、直升機、無人機滿天飛，**一旦到了進入地面決戰的時刻，戰車，卻又再度突顯出它的戰場價值！**

很難得，我先前曾有機會於蒙斯特訓練中心和戰車駕駛模擬器培訓中心，接受德軍裝甲兵的駕駛、模擬器射擊與戰術觀念訓練，體會到這支世界一流裝甲部隊整體的素質。在戰車駕駛手的培訓上，一般約需要3週時間（原則

講解、機械訓練、學科課程講解、模擬器訓練、路上實駕、學／術科測驗），學員在通過考核後，才能正式取得豹 II 式戰車駕照。

而射手訓練則需要 6 週讓學員達到合格標準，隨後會有 6 個月進行全車組人員的組合訓練、3 ～ 6 個月的「排級 [1]」訓練；而如果在派遣海外任務返國後，還得重新接受複訓，以保持對裝備的熟悉程度。由於彈種的進化，豹 II 式戰車的射手還有對空目標的射擊訓練項目（主要對付慢速機與旋翼機），這在模擬器的訓練上都有明載時數。

這樣精實的訓練，也造就了德國裝甲兵在歷次戰車競技的比賽中時常技壓群雄，成為奪得最多次冠軍的部隊。在本書中，讀者不僅可以一窺現代德國裝甲車輛的設計思路，還可以回過頭來檢視在這百年以來，戰車研發歷史的過程，並從各代表性的車款中看到精湛的戰車工藝技術演進。

蘇聯助德製戰車一臂之力

如果回顧戰車的主要演進歷史，從首度在第一次世界大戰末期出現於西線膠著的戰場上算起，已正式超過了 100 年。回顧盟軍將戰車投入到戰場時的摸索，歷經「康布雷戰役」（Battle of Cambrai）的發威，一路到將德意志帝國的軍隊逼向敗戰之途，戰車所扮演的角色堪稱居功厥偉。

一戰後，預期能夠招住德國軍備發展，進而實現歐洲和平的《凡爾賽條約》，事實上卻得到了反效果，和平不僅短暫得超乎想像，更悲慘的是，它種下了後續更大規模武裝衝突的種子。該條約並未能阻擋德軍對於研究這一項武器與其作戰潛能的渴望，一群軍事先驅們的刻苦鑽研，加上獲得當時領導人的支持，德國人在生產戰車的腳步上雖然受到嚴重限制，但對於裝甲部隊的戰術、編裝與運用等各方面可是凌駕其他各國。

隨著德國軍隊經過西班牙內戰的琢磨、祕

密與蘇聯合作在喀山（Kasan）培訓人員[2]，並在中立國研製戰車的各項技術，這些努力一路走來篳路藍縷，但在世界上首支正規的「裝甲師」成立之後，戰車在戰場上的運用與任務皆更加明確、角色也更無以撼動，最終逐漸取代騎兵使用了數千年的馬匹，成為縱橫沙場的利器。

隨著納粹德國的擴張，其裝甲部隊在歐陸所掀起的「閃電戰」（Blitzkrieg）狂潮，一舉震驚世人，並讓世界理解到戰車這項武器的作戰潛能。從波蘭的瓜分開始，雖然德國文宣上大力貶抑波蘭騎兵的無知，並造成世人後來對後者軍隊騎乘馬匹，向戰車衝鋒的愚蠢印象，但也**正式宣告未來的地面戰場，將是由坦克實力主宰的現實**。

而也正是阿道夫・希特勒（Adolf Hitler）幻想建立的「第三帝國」版圖，造成的戰爭需求驅使下，讓德國這部戰爭機器在短時間內研製出一款又一款的戰車送往前線，讓這一段期間的軍工企業可謂是百花齊放，在陸地戰中每

每都有號稱是「動物園」或「猛獸軍團」的德軍戰車充斥其中[3]，還有一批批能繳出超乎常人戰績的「戰車王牌」[4]，因而成為人們迄今仍津津有味的研究題材。

從蘇聯的「鋼鐵洪流」到狂人普丁

德國在二戰結束後陷入國土被強制分割占領的慘狀，更別提有將近十年的軍備空窗期（反正當時的德國人也普遍厭戰到令人匪夷所思的程度）。在法國、英國及美國同意將二戰後的德國占領區合併，隨後成立「德意志聯邦共和國」（Bundesrepublik Deutschland，簡稱西德）後，搭上在遠東韓戰的爆發，東、西兩邊陣營的緊張關係逐漸升高，迫使西方盟國對德國戰後的非軍事化政策做出調整。

除了解除對西德的軍事禁令外，更順勢催生出新成立的「聯邦國防軍」（Bundeswehr），讓這一支北大西洋公約組織的新武裝力量成為在中歐防禦華沙集團擴張的骨幹。結合北約的

戰略部署，在需求創造研發的大環境下，西德境內軍事工業再次解封，不僅迎來另一段黃金時代，更讓西德的軍力在短時間內重新回到軍事大國的行列。

隨著德國統一、美蘇冷戰結束，世界走入新一輪的裁軍大浪潮，幾乎所有國家都只想維持最低的國防開支，軍備競賽的消失也直接導致戰車在國防需求中的地位一度岌岌可危（德國將陸軍裝甲部隊從高峰的各 80 到 90 個戰車營、裝甲擲彈兵[5]營，合計約六千多輛主力戰車、步兵戰車，直接打了 1.5 折，只維持 5 個戰車營〔約 250 輛〕、9 個裝甲擲彈兵營）。直到 2014 年俄羅斯占領克里米亞半島（Crimea）時，北約各國才又重新琢磨起長期忽視的防務問題。

「德國製造」的典範，待現代戰場驗證

到了 2022 年 2 月，俄羅斯對烏克蘭發動所謂的特殊軍事行動，才又有機會看到較大規模的裝甲部隊戰事。俄烏戰爭中雖然有大量新式武器投入，美其名是武器最佳的試驗場，但更實際且普遍的狀況是，雙方也擠出了封存、甚至古董級的武器在對抗，而其中不乏在冷戰時期所研製的車款，包括現有的「獵豹」（Gepard）自走防空砲車、貂鼠步兵戰車等。

隨著戰事超乎預期的膠著，西方國家紛紛加大對烏克蘭的軍事援助，以補充烏軍自開戰以來的嚴重戰損，也因此德國後來對俄羅斯的態度轉而趨於強硬，接連同意輸出 PzH-2000 型自走砲、豹 II 主力戰車，和 RCH-155 輪式自走砲。尤其是豹 II 主力戰車更是各國關注的焦點，在援烏的軍備中一直都是指標性的裝備！

德國軍隊在軍事方面上的成就，向來都是最吸引軍事迷讀者與軍事史研究者們的主題，而與「閃電戰」幾乎畫上等號的德國戰車，更有著一股讓人想發掘其中傳奇的衝動。在這個誘因與動力下，筆者甫自軍中退役後便已陸續出版《德意志雄師：聯邦國防軍現役裝甲車輛寫真》、《鋼鐵傳奇：德國戰車寫真 1917-1945》、《鋼

鐵傳奇二部曲：德國戰車寫真 1956- 今日》等
三本寫真書，在中文出版領域中算是較為完整
的介紹了德國戰車百年來的發展背景。

對於先前已錯過德國戰車寫真主題的讀者，
在此我也提供非寫真書類型的閱讀參考，本書
將針對百年以來，德國本身研製的戰車為對象，
配以現今在各地拍攝到的實車照片說明，一起
來探索戰車這個德國製造的傳奇故事，共同感
受「鐵豬的進擊[6]」（Eisenschwein vor）吧！

---

1 編按：以戰車排為單位訓練。

2 1922 年，蘇聯與德國簽訂《拉帕洛條約》（Treaty
  of Rapallo）後，在此設立了「喀馬戰車學校」
  （Panzerschule Kama）。

3 編按：德軍多以動物命名戰車，並以昆蟲命名自走砲車
  款，因此得名。

4 編按：戰功彪炳的裝甲兵。

5 編按：裝甲擲彈兵（Panzergrenadier）為納粹德國於
  二戰期間創立的兵種，也是現代軍事中機械化步兵的先
  驅，廣義上泛指德國二戰時成立的所有機械化步兵部隊。

6 德國裝甲兵以鐵豬代稱戰車。

圖 0-5：豹 II 戰車能否發揮其威名與價值，就請大家拭目以
待了。

第 1 章

豈止豹 Ⅱ ——
冷戰後至今，各種現役中的戰車

冷戰期間，依照北約的「總體防禦計畫」（General Defense Plan，縮寫為 GDP）指導，北約國家在西德境內採用了所謂「切片蛋糕」（Layer Cake）作戰地境線劃分方式，以承擔在中歐防禦的角色，其防禦原則是將華約的兵力優勢從 12：1～7：1 消耗至 4：1～3：1，迫使蘇軍無法打開或擴大突破口。

承平日久，直到克里米亞危機

若以兵棋推演分析，北約盟軍在中歐防禦中的軟肋會有兩個：縱深太淺與預備隊太少。而在推演中得出，華約進攻西德的路線主要有兩條：一是通過地勢平坦的北德平原、二是穿過「富爾達缺口」（Fulda Gap），直指西德心臟地帶。

當時預計蘇軍部隊將會試圖用其坦克兵力在該地區突破，並由此獲得一條用於進攻的便捷地理通道，然後直取法蘭克福。由於蘇聯和華約組織的裝甲部隊擁有數量優勢，因此最可能行動的路線便被研判在此。

瞧瞧當時蘇聯的駐德兵力，說是蘇聯在外駐軍中最精銳的部隊也不為過。即便在 1991 年蘇聯解體時，駐德的軍力規模（不包含東德「人民軍」）仍有 33.8 萬名官兵、4,200 輛戰車、8,200 輛裝甲車、3,600 門各型火砲、10.6 萬輛各型車輛、690 架飛機、680 架直升機、180 輛多管火箭砲（MLRS）等。從 1954 到 1994 年（完成撤軍）這段期間，西歐各國在國防安全事務上幾乎可用「惶惶不可終日」來形容。

隨著華約威脅消失，德國的焦點除了努力拉高東德經濟水平外，軍事也就不再那麼被視為優先事務了。這也不是只有德國如此、西歐如此，全球整個大環境都也隨著兩大陣營的對抗結束而歌舞昇平。絕大部分國家的國防預算明顯下降，大規模裁軍與武器封存也逐漸成為社會的主流民意，因此在軍備研製上與冷戰時期相比實在是天壤之別。

就主戰武器而言，通常會以升級或延壽來

取代創新研發，這個現象連德國也無法避免。直到 2014 年爆發了克里米亞危機，俄羅斯隨後吞併了克里米亞半島，這才又讓過慣了和平日子的歐洲人意識到威脅。而在後續幾年，德國的軍備問題才又逐漸被關注，連帶軍工企業也才再度活絡。

而 2022 年 2 月下旬，俄羅斯總統弗拉迪米爾‧普丁（Vladimir Putin）發起特別軍事行動後，西方國家的武器裝備也陸續湧進烏克蘭，這其中雖然也有先進的武器，但多半還是以冷戰時期的軍備居多。或許是命運捉弄，**當時無緣在實戰中亮相的武器們，現在卻意外的在烏克蘭戰場上大顯身手，如獵豹自走防空砲車等。**

也因為戰爭帶來的供需問題，世上主要的防務展覽在歷經新冠肺炎疫情（COVID-19）的影響後已陸續恢復舉辦，讀者也能發現新式的戰鬥車款正接連不斷推出，各國的軍工企業無不想爭取大單，也讓軍火市場又熱絡了起來。德國的軍工企業自然不會在這樣的場合缺席，

圖 1-1：德國國防預算在裝備投資的比例上長期偏低（約僅 17%），導致備用料件不足而肇生妥善率低下的問題。（Photo ／黃竣民）

諸如升級後的「豹 II」A7 主力戰車、一車多能的「拳師犬」（Boxer）裝甲車、新型的 RCH-155 輪式自走砲、KF-31 ／ 41 山貓步兵戰車、

KF-51 黑豹主力戰車等，也都正向國際市場招手，對於一些正值軍備汰換的國家而言，這些武器裝備也都是炙手可熱的熱門產品。

德國軍備，其實亟待振興

最近幾年來，德國聯邦國防軍的負面新聞頗多，不可諱言，這支軍隊正處於冷戰以來的另一項危機中。這幾十年來，德國統一後的軍備準備狀態似乎能以「王小二過年，一年不如一年」形容，各部會只要短缺預算就會從國防預算挪用，使得防衛力量的慘狀更是每況愈下。

而國防部長來來去去，在非軍事專業掛帥的領導下，只求任內不出包的政客心態，造成軍隊內部的問題越來越多，在新武器研製與軍備採購項目上尤其嚴重，一直受到官僚主義干擾而導致發展不順遂。

例如**研發和採購工作都必須在歐盟說明和宣傳，為期 3 個月讓他人提出法律質疑**，光是這樣就可能耗掉幾年的時間，以及**各項零件都必須繳納增值稅**，這在世上任何其他軍隊中都不存在……。

現在，德軍更大的挑戰即將到來，因為德國政府已向北約承諾將派出更多裝備齊全的部隊以保衛聯盟安全，高達 1,000 億歐元的特別基金雖然在議會通過，但自從通過專案以來的採購項目，卻一直在冗長的組織作業體系中打轉。

除實際支用的程度仍然低迷外，對於改善裝備、武器、彈藥缺乏的情形根本緩不濟急。德國是否能如期在 2025 年將軍隊大幅改頭換面，路上還有很多的挑戰要克服。

1. 現代歐洲標配：豹II主力戰車

雖然出口成績和官兵使用反饋，都已經證明豹II的前身——「豹I」（Leopard I）型主力戰車是一款成功的戰車代表作，但隨著蘇聯搭載125mm砲的T-64新型戰車推出，以及後來與美國共同開發「KPz-70戰車」（美國稱為「MBT-70戰車」）項目的岌岌可危，西德先以「野豬」（Keiler）的計畫名義，進一步針對主力戰車的研製預作準備，以持續從實驗中獲得相關數據。

先前也有提出將豹I戰車再予以改良，名為「鍍金豹」（Vergoldeter Leopard）計畫，不過該案後來遭到否決。當德美戰車合製案因預算超支得不像話而宣告破局後，西德最終還是決定自己研製下一代的主力戰車。

從1973～1975年之間，德國一共製造了21輛原型車（採用不同車身底盤，搭載不同的砲塔版本）並不斷的測評。包括移至美國及加拿大測試相關性能，甚至罕見的搭載自動裝填系統研究。原型車所使用的引擎型號是MB873 Ka-500型12汽缸四衝程柴油引擎，這和後來定型的量產版不同，量產型號改用MB873 Ka-501型12汽缸四衝程柴油引擎，因為初期車重仍然較輕（僅50.5噸）的緣故，所以引擎的推重比仍可以達到每噸30匹馬力。

履帶與懸吊方式基本上與豹I戰車相同（採7對路輪、後輪驅動方式），也一樣維持著5段式的厚纖維裝甲側裙。而在豹II原型車的設計上，車尾兩側類似豹I戰車的散熱孔已不復見，統一改為在車尾的上部散熱，中間還可以見到主砲的行軍鎖扣裝置和防空燈。

當蘇聯的T-64與後續戰車陸續採用125mm滑膛砲[1]後，西方世界當時主力戰車標

圖 1-2：名為豹 II K 的原型車，搭載了新型的 120mm 滑膛砲，並開始測試兩種不同懸吊系統（扭力桿、液壓氣動懸吊）。（Photo ／黃聖修）

圖 1-3：這一輛採用第 16 號車身底盤 +14 號砲塔版本的豹 II 原型車，即是搭載自動裝填系統的測試版。（Photo ／黃竣民）

配的 105mm 口徑線膛砲馬上落於下風，因此開發英國 L7 系列火砲的後繼版本，就成為了關鍵的致勝指標。因此，萊茵金屬公司為配合新的豹 II 型主力戰車火力基準，耗時 14 年（1965 年投入研發，直至 1979 年才交付陸軍使用）研製出新型的戰車滑膛砲，這一款 Rh-120 型 44 倍徑的 120mm 滑膛砲，也讓德國成為繼蘇聯後第二個研製滑膛砲作為戰車主砲的國家。

爾後因該型火砲的性能優異，除了本國採用和大量外銷以外，也授權多個國家生產（**包括美國 M1A1 ／ A2 戰車所搭載的 M256 型滑膛砲即是德國授權生產的產品**），儼然成為 1980 年代至今西方主力戰車的標配戰車砲。

豹 II 能從 4 公里外擊穿對手

而在豹 II 原型車的測試項目中，其中一項較為特別的就是自動裝填系統。雖然德軍早在研製豹 I 式戰車時就已經有此構想，還因此在 1964 年找過義大利知名的兵工廠：奧托－梅萊拉（OTO-MELARA）公司，希望在豹 I 戰車上安裝自動裝填系統（採用由下上彈的方式供彈、備彈數量 18 發），不過這個構想後來也只存在圖紙階段，並沒有任何實車安裝（見上頁圖 1-3）。

這一款原型車砲塔內自動裝彈機的結構跟先前構想不同，也讓砲塔內座位布局上，射手跟車長之間少了許多隔閡。整個儲彈機構在砲塔尾部，因此看起來在砲塔後端有個方形的延伸空間。先前許多人會質問：「為何德製戰車堅持不採用自動裝填系統呢？」就筆者本人詢問過德國軍方和兵工廠設計部門的人員們均表示，德國人對於自動裝填系統的可靠度相當懷疑，而且**在對 90mm、100mm 和 120mm 戰車砲的實測結果下，人力裝填都還是比自動裝填快。**

此外，以色列國防軍的塔爾少將（MG. Israel Tal）[2] 在會晤西德軍事代表團時也表示：「最好的自動裝彈機，就是裝填手！」（The best autoloader is a soldier as a loader!）不過

隨著彈藥重量增加，或許我們在下一代德國主力戰車上就會見到改變！

經過 9 年的埋頭苦幹，豹 II 型主力戰車終於在 1979 年進入西德陸軍服役（比 M1 艾布蘭戰車進入美軍服役還晚一年），而其 A1 ～ A3 型較少被人提及，主要是因為週期過短，而且部分設備仍不斷在升級，真正被大規模生產的版本其實是豹 II A4 型（見下頁圖 1-4）。

豹 II A4 型在構型與內涵上有許多實質上的改變，基本上從它身上可以看到完整的主力戰車配系，包括電動液壓砲塔、射控系統和彈道計算機、雷射測距儀、橫風感測器、環景式潛望鏡、影像強化裝置、動力套件包等等。在這次大改之後，才真正成為豹 II 式戰車家族的「骨幹」，有超過 2,000 輛屬於這種標準，這也是冷戰期間西德的地面部隊主力。

而豹 II A4 型主力戰車的砲塔設計，與當時強調傾斜、避彈的外觀相比反其道而行，從砲塔上方看來，它設計簡單、側面平直、前部傾斜、

砲盾相對較大且方正。不過由於採用大型多層複合的裝甲材質，所以相較以前的砲塔，在防護力上據稱可能強了 4 ～ 5 倍。

而從豹 II A4 戰車（含以後的版本）在 120mm 滑膛砲的砲口側面，則裝有「砲口動態校正器」（Muzzle Reference Sensor，縮寫為 MRS），其作用原理是透過雷射的反射，以**計算出砲管在每一發要射擊時本身的曲度**，並傳輸到車內彈道計算機，**自動修正彈道誤差**，因此火砲在外觀上就已經和原型車不同。砲塔下方則是駕駛手艙蓋（有 3 具潛望鏡座），在豹 II A4 型以前的版本，駕駛手具有從駕駛艙獨立進出的空間，但從 A5 型修改為楔型砲塔後，駕駛手就得跟著射手、車長一起，從砲塔上的車長艙蓋進出了。

豹 II A4 型主力戰車的射手，裝備雙目的 EMES-15 型瞄準儀。自 1983 年開始，EMES-15 型瞄準儀還整合了「蔡司」（Zeiss）公司的熱顯像設備（WBG-X），並取代舊式 PZB-200

圖 1-4：豹 II A4 型主力戰車，象徵著一個時代的主力戰車新標準，它在火力、防護力和機動力之間達到更完美的平衡。（Photo ／黃竣民）

圖 1-5：豹 II A4 型戰車雖然已服役超過 30 年，奧地利陸軍仍然能以此型戰車，取得 2017 年堅強歐洲戰車挑戰賽的冠軍。（Photo ／黃竣民）

型的影像強化系統，成為夜間目標觀測時的主要裝備，共有 4 倍和 12 倍的放大倍率選項，用於白天和夜間的觀察與戰鬥使用（WBG 需要約 15 分鐘的熱機時間）。

至於雷射測距儀的部分，則使用 CE-628 型雷射測距儀，測量距離範圍從 10 公尺到 9,990 公尺，不過考慮到戰車主要的交戰距離（200 至 4,000 公尺），對於 200 公尺以下的距離，射控電腦會設定為 1,000 公尺；若距離超過 4,000 公尺，則必須改以手動方式輸入計算值。

砲管上端著一杯啤酒，獨步全球

豹 II A4 型主力戰車之所以令人著迷，不外乎是砲塔上的那一門 Rh-120 型 44 倍徑 120mm 滑膛砲，在當時所展現出來的新火力標準和令人印象深刻的穩定性。德國戰車主砲的穩定性水準，早在 1990 年代就已相當成熟，那段**以砲管端著啤酒杯行駛的影片早已在網路上瘋傳多時**，迄今連日本陸上自衛隊最新銳的 10 式主力

戰車，都還無法跟上其工藝。

該型火砲的俯仰角度為 -9°～ +20°、最大升降速度為每秒 9.5°、最大迴轉速度每秒 49°，即便**在行駛於起伏地形的條件下，火砲依舊能持續對準目標，並保有極高的首發命中率**。德國主力戰車自從換裝滑膛砲後，車載彈藥的模式也開始有了變化，他們不再像先前車款會攜帶許多種彈種，反而只攜帶兩種彈藥：翼穩脫殼穿甲彈（APFSDS）和多用途彈。當時使用的穿甲彈能在 2,000 公尺內擊穿約 450mm 厚的滾軋均質裝甲（RHA），並在 **2,000 公尺內擊穿 T-72 戰車的正面裝甲，或是對 4,000 公尺外的 T-62 戰車「一發入魂」也沒什麼問題**！

現今的火砲穩定系統已相當先進，射手僅需將雷射打在目標上（如果雷射測距儀閃爍，即表示目標測距不成功，需要射手重新定位一次，直到出現 10 ～ 9,999 公尺的代表數字），即使戰車在高速行進中，只要射手持續以瞄準儀鎖定目標點，火砲的射控電腦就會持續不斷的進

行相關射控運算，直到射手或車長按下射擊發射鈕為止！

德軍裝甲兵（戰車排）對於射擊區的劃分，一般是先區分成三塊（由排長負責觀察整體狀況，本身並不賦予射擊的責任區），排長車除了分配射擊目標，也要伺機支援所需同伴，消滅威脅友鄰的目標，並避免兩車射擊同一目標的情事發生（以節約彈藥）。

豹 II 老，但迄今沒對手比它好

在後勤維護保養上，別以為年邁的豹 II A4 型主力戰車會問題一堆，人們反倒對其可靠性再次感到讚嘆。由波蘭在近年進行的一項測試，旨在比較豹 II A4 型戰車與波蘭改進 T-72 戰車而成的 PT-91「堅韌」（Twardy）型戰車，兩者在行駛里程相似（約 19,000 公里）情況下的車輛可靠性。結果，**豹 II A4 型戰車會發生故障的行駛距離為 174 公里，平均需要 1.3 天修復；而 PT-91 型戰車卻是 25 公里、平均需要 3.2 天**

才能修復。由此可見，豹 II A4 型戰車的可靠性還是跟貂鼠步兵戰車一樣老而彌堅！

隨著俄烏戰爭的落幕遙遙無期，北約各國的軍援也跟投入無底洞一般。各種無人機、防空飛彈、自走砲、裝甲車等，陸續交付給烏克蘭作戰，波蘭、西班牙、荷蘭、加拿大等國，也都有意願提供豹 II 戰車給烏克蘭，卻一度遭到德國否決，德國本身對於提供主力戰車援烏也躊躇不前。直到 2023 年初，美國同意軍援步兵戰車與主力戰車之後，德國才跟進同意輸出豹 II 戰車，軍迷們期望見到的豹 II 對上 T-72、T-90 戰車的畫面，說不定就有機會出現了。

屆時，操作歐美主力戰車的烏克蘭裝甲兵能否發揮受訓所學，繳出符合外界期待的成績單，大家都在等著看呢。畢竟，裝備＋訓練＋士氣＝戰鬥力！

---

1 滑膛砲，指身管內壁沒有膛線的火砲，相較於有膛線的線膛砲，擁有更高砲口初速以及砲管壽命，然後者也有遠距離精準度、彈種多樣化等優勢。

2 塔爾是六日戰爭中的英雄，也是以色列裝甲部隊學說的創造者，他領導了「梅卡瓦」（Merkava）主力戰車的研製。

2. 不老豹 II 家族，不斷升級進化

綜觀西方主力戰車的發展史，由於豹 II 型主力戰車的綜合表現優異，也經常被評選為 1980 ～ 1990 年代四大傑出戰車之一，另外三者分別是：美國的 M-1 艾布蘭、蘇聯的 T-90，以及以色列的梅卡瓦。

圖 1-6：圈內人士若提起豹 II，一定認識法蘭克‧羅畢茲（Frank Lobitz）中校（右），他著有專書論述各國豹 II 戰車的差異。（Photo ／黃竣民）

對於廣大的軍事迷而言，儘管已經服役數十年了，但事實證明它的模組化設計足以與最新科技一起升級，想要讓它退役恐怕還得等很久！而它在國際軍火市場上的銷售成績也有目共睹，總計生產超過 3,000 輛的豹 II 式，**目前已在十餘個國家陸軍中扛起重任。**

雖然豹 II 型主力戰車在當時已經是歐洲戰車技術的指標和象徵，但是，人們並無法預知冷戰會何時結束，為了有效應對未來蘇聯戰車的威脅和反裝甲武器技術的進步，因此有必要全面升級戰車系統，這也促使西德針對主力戰車推出了「戰力值提升案」（Kampfwertsteigerung，縮寫為 KWS）。

計畫很美好，現實卻讓人苦惱

該升級案主要包括三個階段：「KWS I」

圖 1-7：「部隊試驗車輛」，幾乎見證了德國主力戰車所處在政治發展重大轉折的關鍵時刻。（Photo ／ Wikimedia Commons by Nick）

是提升火力（後來透過使用更長倍徑的 L55／120mm 滑膛砲和新型彈藥實現，也就是後來的豹 II A6 EX 戰車）；「KWS II」是護甲防護力的提升（砲塔和車體），加裝機組防護系統和先進的戰場電子設備；「KWS III」則是開發新的 140mm 滑膛砲，並整合「綜合指揮和資訊系統」（Integriertes Führungs und Waffeneinsatzsystem，縮寫為 IFIS），以取代 120mm 滑膛砲。透過這些改良措施，以持續確保豹 II 型主力戰車的整體性能優勢能延續下去。

戰力值提升案的試驗早在柏林圍牆倒塌之前就已展開，但其後續的進一步計畫，則是運用了兩輛第八批次生產的豹 II A4 型主力戰車，並升級搭載了尖端的電子設備，打造出所謂的「部隊試驗車輛」（Truppenverschsmuster，縮寫為 TVM，見上頁圖 1-7），因此造價非常昂貴。

這個時間點十分尷尬，因為正值德國統一的政治混亂期，但它們還是在那段期間於亞琛（Aachen）做了廣泛的測試。儘管「KWS II」

後來成為豹 II A5 戰車，隨著後來政治氛圍變化和國防預算逐年刪減，豹 II 主力的改良計畫也陸續發生變化。

由於財務的現實問題，讓德國升級的整體數量不斷降低（原本要將超過 2,000 輛豹 II 主力戰車升級到豹 II A5 標準，後來降至不足 700 **輛，最後更只有兩百多輛完成升級後交付部隊使用**）。

雖然德國、瑞士和荷蘭已先就「KWS II」簽訂採購合約，但這似乎只能算是簡配規格，反而是瑞典選擇滿配的豹 II TVM 版本（在車體與砲塔頂部安裝額外的裝甲），並稱之為 Strv-122 型的戰車，比德國陸軍本身所使用的豹 II A5 型戰車擁有更高的防護力。

豹 II A4 型主力戰車已可說是西方陣營的代表性車款之一，但是在 1990 年所推出的豹 II A5 型主力戰車，卻宣告了豹 II 系列戰車另一個里程碑，它的外型與豹 II A4 以前的所有版本相比，都有非常明顯的改變。

第一次進化：最完美的豹

從豹 II A5 型開始，在砲塔的正面和側面前半部都安裝了一個中空的楔形附加裝甲，砲盾被重新設計（包括計算角度和楔形裝甲的外層材料），以避開跳彈區造成的傷害。此外也升級了裝甲組成，這些裝甲模組可以**讓成型炸藥在碰炸到車體本身裝甲之前就失去威力**，也能**讓翼穩脫殼穿甲彈的彈芯偏折，無法貫穿裝甲**（見下頁圖 1-8）。

為了減少碎片，在乘員艙中鋪上防破片襯裡，並且在 3 段裝甲側裙前段加厚以提升防護力。主砲換裝為升級過後的 44 倍徑 120mm 滑膛砲，射手視線轉移到砲塔頂部（先前型號中則被集成到前砲塔裝甲的凹處中），駕駛手的艙口也被修改，讓駕駛手無法再從艙口出入。

第一批豹 II A5 型主力戰車於 1995 年移交給德國陸軍裝甲兵學校，並於同年 12 月開始在戰車營服役。可惜，隨著德國統一後武器換裝速度趨緩，後續這款號稱是「短砲管豹」、「最

完美的豹」之後陸續出口到丹麥、挪威、波蘭、瑞典等國，反倒德國本身裝備給部隊的數量相當少。

自從豹 II A5 型以後的車款為了增加防護力，而在砲塔安裝正傾斜幅度高達 70°左右的箭頭狀中空裝甲後，在外觀上便能夠清楚的與先前款式區隔。

這種附加的「箭簇」型裝甲的抗穿甲彈效果，約等於 100mm 厚的滾軋均質裝甲，破甲榴彈的高速金屬噴流在貫入箭簇裝甲後，會在深度將近 1 公尺的中空區域內嚴重散射，穿甲的威力已經衰竭，再碰觸到砲塔內層本來的複合裝甲層時，實在很難再有足夠的穿甲力去貫穿砲塔了。

除了提升砲塔避彈性，在設計時也考慮中彈後二次爆炸效應的人員防護問題，所以加大了尾艙，將待發彈藥儲存於此，並用氣密隔板將彈藥與戰鬥艙隔離。德軍曾以俄製 T-72 戰車車裝的 2A46 型 125mm 戰車砲做了各種實彈驗

圖 1-8：號稱最完美的豹 II A5 型戰車卻因產量等問題，無法成為德國裝甲部隊的主力型號。（Photo ／ Ralph Zwilling）

證，並證實其**在 2,000 公尺距離內，依然無法貫穿豹 II 戰車**。

再次升級：重量更重，但打得更遠

到了 2010 年代，德國戰車營的主力車款已經是豹 II A6 型了。由於以升級取代全新研製的政策依然沒變，致使從豹 II A5 型升級到豹 II A6 型的噸位明顯增加許多，造成機動力逐漸下滑，不過雖然戰鬥重量達到 62.5 噸，與其他各國一線的主力戰車相比，其機動力表現仍然屬於前段班。

該車搭載 MTU-873 Ka501 型 12 汽缸柴油引擎，引擎輸出達 1,500 匹馬力，由於採用動力模組套件設計，在更換引擎的作業上，即便是在野戰的情況，一般只需要 30 ～ 45 分鐘即可完成。但礙於經費因素，德軍裝甲部隊的豹 II 型主力戰車遲遲無法換裝新款的「歐洲動力套件」（Euro Power Pack，縮寫為 EPP），這是能提升機動力的驅動系統，能讓豹 II 加速更快，並且節省約 15% 油耗。

與標準版動力套件相比，歐洲動力套件能使引擎在 2,000 轉時的功率輸出和扭矩增加 10%，推進裝置短了近 1 公尺，便能在原車上節省約三立方公尺的空間，這可用於儲存額外的油料、彈藥或安裝自動裝彈機等使用。而在車側驅動輪上方的收納箱，即為後期加裝的「輔助動力單元」（Auxiliary Power Unit，縮寫為 APU），其主要用途是讓戰車在不發動引擎的狀態下，能持續供應本身電力，優點除了能消除引擎在空檔運轉時的噪音、油耗和高溫，**還能避免遭到敵軍紅外線偵測**。

目前德軍所使用的豹 II A6 型主力戰車，在外型上並無重大改變，但最明顯的辨識處是它換裝了 55 倍徑的 120mm 滑膛砲，砲塔重量也由先前的 16 噸增為 21 噸，全車攜帶的彈藥量從 44 發減為 37 發。這門 M256 型 55 倍徑的 120mm 戰車砲具有優異的穩定性，在高速地形起伏的運動條件下，依舊能保有極高的首發命

中率。

　　該火砲俯仰角為 -9°～ +20°、最大俯仰速度每秒 9.5°、最大迴轉速度每秒 49°、砲口初速為每秒 1,750 公尺（比 44 倍徑的每秒 1,670 公尺更高），射擊時的後座行程[3] 約有 340mm，最大後座行程約 370mm。除了可射擊原本豹 II A5 型以前使用的 DM-12 ／ 13 型砲彈、LKE II 系列脫殼翼穩穿甲彈外，還能射擊威力更強的 DM 43 AI KE 動能彈藥，與更新型的 DM 53 LKE 動能穿甲彈，砲管壽命 650 發（使用標準動能彈藥），**射程高達 5,000 公尺，能在 3,000 公尺外輕易摧毀俄製 T-80 主力戰車**，充分達到「遠距先殲」的要求[4]。

　　然而這樣過於修長的火砲版本，讓它在執行日益頻繁的城鎮作戰時顯得較為不利，為因應這一點，後續也有開發諸如豹 II A6 的「援和行動版」（Peace Support Operation，縮寫為 PSO），火砲回歸採用 44 倍徑的 120mm 戰車砲，並搭載「遙控武器站」（Remote Weapon System，縮寫為 RWS）作為近距離自衛或防空時使用。

　　也由於統一後的德國在海外派遣任務上逐漸吃重，汲取北約盟軍在阿富汗等地的使用經驗後，強化了對地面「即造爆裂物」（IED）的威脅，因此也推出過所謂的豹 II A6M 的款式。該型在車底多增加了一片防護裝甲，以對抗塔利班部隊最常使用的地雷等威脅，事實也證明該型防護力極佳，**儘管有多輛戰車觸雷的案例，但車組人員卻無一傷亡，成為最佳的宣傳。**

　　在豹 II A6 戰車的砲塔上，可見到射手專用的 EMES 15 型瞄準儀，內裝「蔡司光電」（ZEISS-ELTRO OPTRONIC）公司所生產的 CE-628 型雷射測距儀（測距範圍 200 ～ 9,990 公尺，精度為 10 公尺），也整合了熱顯像儀以利日／夜間觀測。而改良後的計算程式，除了能自動過濾敵方煙幕的反射訊號（不過必要時，砲手仍可手動指定某些經過確認的目標），測距速度也更快，能夠在 4 秒鐘內完成 3 次以上的

圖 1-9：搭載了潛渡裝置的豹 II A6 型戰車，砲塔上車長用 的 PERI-R17 型瞄準鏡已經 套上防水套件，射手所使用的 EMES 15 型瞄準儀與雷射測 距儀也已關閉。（Photo ／黃 竣民）

測距，使其具有對付旋翼機等空中目標的能力，雖然較為罕見，但在射手的模擬器訓練上的確有這一訓練科目。

德國射手的基本要求：首發命中率 85%

戰車射擊科目向來都是德國裝甲兵的傳統強項，撇開二戰期間湧出的大量「擊破王」不說，戰後從 1963 年起舉辦的加拿大陸軍盃開始，一直到 1991 年終止為止，回顧這 17 屆戰車射擊競賽中，西德時期的裝甲兵成績一直保持在**前 3 名，期間有 6 次奪冠紀錄**，是所有參賽國當中成績最亮眼的隊伍。

時隔二十餘年後，2016 年在格拉芬沃爾訓練場陸續舉辦的堅強歐洲戰車挑戰賽，德國裝甲兵的成績一樣令人讚賞。檢視這種對戰車兵綜合技能檢驗的競賽，不僅是單車的實力考驗，更在戰車排的綜合射擊評核——因為全排得**射擊 26 個固定式與移動式的目標，射擊時限只有 30 秒，使用彈藥 40 發**，這需要全排極佳的默契才能辦到！

德軍對於戰車射手的要求標準，是具備 **85% 以上的首發命中率，與平均低於 1.1 發的目標交換率**[5]。因此對於射擊目標的規格上相較其他國家更為嚴苛，更不是採用我國如 CM-11 戰車射擊時使用的九宮格方式認證。舉例德軍在射擊 1,200 公尺的目標時，梯形目標的大小為上底 0.8 公尺、下底 1.2 公尺、高 0.8 公尺；爾後隨著距離的增加到 1,600 公尺、3,000 公尺時，目標的尺寸大小卻沒有增加多少。

不只能涉水，還能潛水

雖然豹 II A6 型主力戰車越過河川障礙的能力並不差，若水深小於 1.2 公尺，其實無需任何準備即可直接駛過，對於較深一點的水系障礙，則循前例有設計潛渡專用的通氣管。在涉水作業考量上，如果需要加裝潛水管套件，也只需要 15 ～ 30 分鐘的準備時間，就可以讓戰車的涉水能力提升到 4 公尺（見上頁圖 1-9）。

在潛渡過程中，除了砲塔車長艙加裝高聳的三層潛水套件外，車體本身與砲管的隔熱套件並不需要額外的防水加工作業，由於車體入水無法完全避免，因此車內艙底裝有兩個抽水幫浦，車組成員也需穿戴救生衣。車內除車長以外，所有的艙口都關閉，沉浸式液壓裝置關閉引擎的通風，並在引擎艙上打開燃燒空氣的擋板，在涉水或水下行駛的過程中，引擎透過車長艙的潛水管吸入空氣供引擎燃燒。車長則站在 3 節式、外型類似豎井的管子內引導駕駛手方向。

而如果在潛渡過程中發生意外事故，潛水管就是車組人員的緊急逃生出口，艙蓋旁的環景觀測儀有加裝橡膠保護套。依照德軍教學規範中的戰車涉水駕駛訓練，在水深與流速允許的情況下，駕駛在水中行駛時的車速不得高於每小時 20 公里，並且要保持雙邊履帶接觸河床以防止意外肇生。

不同於「克勞斯－瑪菲・威格曼」公司（Krauss-Maffri Wegmann，縮寫為 KMW）推出的豹 II A7 型主力戰車，目前德國最大的軍工龍頭——萊茵金屬公司，還在豹 II A4 型的領域投注心力（由於德國本土的豹 II 生產線早已停產多時，目前所見到豹 II A6 型以上高階版本，均是回收先前各國豹 II A4 型戰車重新整理升級而成，並非開新生產線所生產），因為豹 II 的車體主要是由 KMW 打造，萊茵金屬公司則主要負責在射控及主動防禦系統上優化，所以呈現出的現代版豹 II 則顯得更為輕穎，與後來的豹 II A7 型走向明顯不同。

這就是他們提出的「革新」（Revolution）版改良套件，防護力建構在 IBD 公司所開發的「先進模組化裝甲防護套件」（Advanced Modular Armor Protection，縮寫為 AMAP）基礎上，加以整合包括數位砲塔射控系統、戰場管理系統、軟殺（快速遮障系統）／硬殺（主動防禦系統）裝置、偽裝網等系統，讓豹 II A4 型主力戰車能依客製化需求升級。

這兩家德國軍工企業，各自在豹 II 式戰車

圖 1-10：砲塔側面搭載 ROSY-L 快速煙幕遮障系統、主動防禦系統（Active Defence Systems，縮寫為 ADS）裝置的豹 II 革新版，足以攔截並擊毀來襲的導引飛彈或砲彈，讓戰車「金鐘罩」的防護力能更佳展現。（Photo ／黃竣民）

圖 1-11：隨著各國加大軍援力道，西方主力戰車齊聚於烏克蘭，是否能補上冷戰時未實現的遺憾，全球軍迷們都在關注。（Photo ／黃竣民）

的後續升級改良上端出牛肉，就端看國際買家如何買單了！也不得不說，即使已經推出40年的豹II，依舊是在國際軍火市場上相當受歡迎的產品，它除了延續豹I所寫下的「歐洲豹」紀錄外，更青出於藍的讓自己獲得「世界豹」的美稱。光是2023年，捷克就宣布要採購70輛豹II A8，挪威也將以豹II A7戰車作為自家豹II A4 NO版的接班人。要不是受到德國軍火外銷政策的特殊限制，它的出口數絕對不止於此。

千呼萬喚，終於登上俄烏戰場

2022年俄烏戰爭開打之後，德國軍援烏克蘭作為一直飽受外界批評，許多北約盟國紛紛大幅加碼，提供軍備給烏克蘭對抗俄羅斯，這些武器裝備相較之下讓德國政治當局壓力頗大，但隨著戰事一拖再拖，先前援烏的重武器限制也開始鬆動。

當美國通過對烏克蘭輸送M2「布萊德雷」（Bradley）步兵戰車後，德國也同意提供貂鼠步兵戰車；當英國願意提供挑戰者主力戰車、美國提供M1艾布蘭主力戰車後，德國總理也終於在2022年初同意提供豹II A6主力戰車給烏克蘭！冷戰期間，西方這些戰車一直沒有機會在戰場上跟俄系戰車交手，但現在讀者們已有機會在烏克蘭戰場上，看到他們互相廝殺的場面。

根據可靠消息指出，俄羅斯國防部在獲知烏克蘭接獲由波蘭援助的豹II A4戰車後，已對前線部隊開出了懸賞金額，當官兵繳獲第一輛豹II戰車時，即可獲得100萬盧布的獎勵金，而摧毀第一輛者也能拿到50萬盧布。

由於美國詐術使然，原本承諾要援烏的M1戰車，很可能要拖到2024年才能正式運抵烏克蘭戰場，所以短時間內，由歐洲國家援助的戰車，才是烏克蘭能否頂住防線的關鍵。

繼A6型之後，豹II A7型戰車也在2010年被推出，第一輛豹II A7型主力戰車已於2014年12月交付陸軍使用（第203戰車營[6]，共14輛，另有4輛交付給裝甲兵訓練中心，還

有 1 輛交給科研機構作為試驗用途），但嚴格來講根本還沒有全軍普及化。

金鐘罩與懸吊椅，地雷飛彈都不怕

由於阿富汗等綏靖作戰型態的影響，升級逐漸往提高乘員生存率的走向邁進，如加裝新型被動裝甲和防地雷、IED 的底盤裝甲、推土鏟、遙控武器站等；這被稱為豹 II A7+ 型「城市作戰」版，主要針對中東的石油富豪買家，卻沒受到國際客戶的青睞。雖然，沙烏地阿拉伯曾在 2012 年的實彈測試中，成功使用配備改進型射控系統的豹 II A7+ 擊中 6,000 公尺距離的目標，仍只叫好不叫座。

豹 II A7 型戰車在正面加裝了一組被動裝甲、車內為射手增加了第三代熱顯像裝置、改良變速箱以提高機動力、砲塔內部換裝新型聚乙烯纖維製成的防碎片襯層（該材質強度是鋼材的 15 倍），減少反坦克彈藥產生的爆炸效應所造成的傷害，砲塔後部安裝了原子／生物／化學武器（ABC）防護系統、車內空調系統、加裝數位化衛星通信系統、重新設計駕駛手艙門、全電動控制的砲塔系統、可輸出高達 20 kW 電力的輔助動力單元、提供新型的可程式化 DM 12 型高爆彈等。

為抗擊來自地面日益嚴峻的即造爆裂物威脅，在強化底盤的裝甲防護上，車底的 V 形抗雷附加裝甲厚達 210mm，可防護車組乘員遭受反坦克地雷、IED 的攻擊。此外，在駕駛艙所配置的新型「懸吊式座椅」，改變了一般戰車座椅和底盤固定式的剛性結合模式，**直接將座椅吊掛在車內，以防止駕駛員遭受地面爆炸後對車體內產生的衝擊波傷害**（見下頁圖 1-12）。

然而豹 II A7 型戰車在舞臺上登場的時間有點短，沒過幾年後就推出了改進型的豹 II A7V[7]，並即將成為德國陸軍的標配型號。德軍在 2015 ～ 2019 年間訂購了 205 輛該型車款，將從 68 輛豹 II A4、67 輛豹 II A6、50 輛豹 II A6M2 和 20 輛豹 II A7 型升級到該標準（見

圖 1-12：豹 II A7 型戰車的駕駛手已換裝懸吊式座椅，防止人員被地面爆炸產生的衝擊波傷害。（Photo ／黃竣民）

第 60 頁圖 1-13）。

　第一輛原型車已於 2018 年交付測試，隔年（2019 年）開始交付部隊，而整個交付期程將於 2026 年完成。第一批接收的單位是第 393 戰車營，德國已承諾這批豹 II A7V 型戰車將擔任 2023 年北約「高度戰備聯合特遣隊」（Very High Readiness Joint Task Force，縮寫為 VJTF）的裝甲主力。

　豹 II A7V 戰車的主要改進之處，是由萊茵金屬子公司之一「戴森羅特希臘工程辦公室」（Engineering Office Deisenroth Hellas，縮寫為 EODH）生產的附加裝甲，其據稱能使車體正面達到與砲塔正面相同的防護等級，並**可抵禦大多數現代反坦克飛彈（ATGM）、大口徑動能（KE）穿甲彈和 RPG 火箭筒的攻擊。**

　也因為車體和砲塔的內部裝甲已被更為現代化的技術產品取代，其戰鬥重量幾乎已逼近車體剛性所能承受的極限（70 噸）。為了應對戰鬥重量的增加，雖然發動機沒有更換型號，卻對傳動比做了修改，以提高車輛的加速性，並捨棄最高時速。變速箱也經過強化處理，讓它能在不降低部件壽命的情況下，應付更高的車重負擔。

　隨著冶金技術提升，豹 II A7V 戰車的主砲更新為 55 倍徑 120mmA1 型滑膛砲。它由更高強度的鋼材製成，以支撐更高的砲膛壓力（從 672 MPa 升高到 700 MPa，允許的最大壓力為 735 MPa），能射擊威力更強大的動能彈藥。

　而新型裝備部隊的 DM73 型（APFSDS-T）彈藥，則將穿甲彈和彈殼設計結合新推進系統，以產生更高膛壓，並提升約 1.5 倍的性能。在過去幾年裡，萊茵金屬公司在戰車砲與彈藥的領域上獲得了多項專利，產品也都獲得國際青睞。

　豹 II A7V 戰車在射控系統上也有躍升式的發展，由「亨索爾特」（Hensoldt）所製造的 ATTICA-Z 熱顯像儀，被安裝在車長的 PERI R17A3 瞄準具中，而射手的 EMES 15 型瞄準具內也換裝了新的 ATTICA-GL 熱顯像儀，透

過這些光學儀器可以偵測主砲射程外的目標。

之所以選擇長波長紅外線，而不是中、短波長紅外線運作的光學辨識系統，是因為這更適合在潮溼的歐洲環境運用。為了提高駕駛手的夜間行車能力，在車頭還安裝了圖像增強器的熱顯像系統，車尾也有熱顯像鏡頭，確保夜間作戰的機動能力。

不只裝甲，更主動防禦反戰車飛彈

有鑑於主動防禦系統（偵測來襲飛彈，並以破甲彈將其摧毀的裝備）趨勢的勢不可擋，於是也推出了安裝以色列「拉斐爾」（Rafael）公司旗下產品的豹 II A7A1 型戰車。這款名為「戰利品」（Trophy）的主動防禦系統，是目前世界上同類型產品中技術最成熟的一款，系統已累計**超過 100 萬小時的運作時間，其中包括 5,400 次成功攔截案例**，不僅被以色列國防軍採用，連美國也為升級的新型 M1 艾布蘭戰車安裝。

但是德國由於該系統的採購、驗證等問題，而無法在 2024 年之前將這些戰利品系統完全安裝在砲塔上。因為由豹 II A6A3 型戰車升級而成的豹 II A7A1 型戰車，這批舊車體本身沒有輔助動力單元，而且原先的電氣系統設計不足以支撐主動防禦系統所需的高功率，車體只得重新生產，造成整體升級期程拉長，因此在 2023 年由德軍領軍主導的「高度戰備聯合特遣隊」中，預計只會有 17 輛安裝戰利品的豹 II A7A1 型戰車參與。

雖然豹 II A7V 象徵著德國陸軍主力戰車戰力提升的新指標，但聯邦國防軍仍計畫在下一代主力戰車部署之前，根據「地面主戰系統」（Main Ground Combat System，縮寫為 MGCS）計畫，更進一步開發豹 II 戰車後續的改進版本。

該案代號為豹 II AX（Leopard 2AX）。在該項升級計畫的願望清單中，提到了一些必要的功能，包括遙控武器站、硬殺的主動防禦系

統、更強大的發動機（1,610 匹馬力）、射控系統升級等等，新的升級案預計在 2026 年展開。而在 2025 年之前，全數現有的豹 II A6 型也都將升級到目前豹 II A7V 的水準。

受惠於俄烏戰爭影響，德國軍隊可能將迎來三十多年以來，意想不到的復興！因為此事件，幾乎所有北約國家都在大舉更新軍事力量，德國當然也不例外。此時（2023 年 5 月）最新的消息是，柏林將為陸軍採購 18 輛豹 II A8 型戰車（而非豹 II A7+ 型），如果此消息屬實，這將是德軍自 1992 年以來首次獲得全新的主力戰車，首批預計於 2025 年左右交付。

雖然目前有關豹 II A8 型主力戰車的規格與性能諸元都還鮮為人知，但至少知道，它是以豹 II A7 HU 版本[8]發展而成，並有幾項主要的提升，包括：新的裝甲模組（採用間隔式第三代複合多層裝甲，包括高硬度鋼、鎢、塑料填充物和陶瓷部件組成）、戰利品主動防護系統、先進的數位化射控／感測系統、整合式夜視系

統、通信系統、空調／冷卻系統、性能增強型發電機、1,600 匹馬力的發動機等，以提高整體作戰效率和機組人員戰鬥持續力，並確保它仍是戰場上的決戰利器，和現代武裝部隊的首選。

不過此消息一出，立刻就讓德法合作的地面主戰系統一案產生憂慮，因為該方案在起步階段就已意見分歧（主要是參與該項目的製造商，無法就角色分配達成一致共識），後續發展是否順遂的確令人質疑，畢竟在上世紀早有前車之鑑。而另一個會直接受到影響的產品，莫過於萊茵金屬的最新產品：KF-51 黑豹戰車了。

3　編按：後座行程，指砲彈發射後，砲管向後運動的距離。

4　因為依照德軍裝甲兵的訓練習慣，4,000 公尺即進入接戰距離，低於 1,500 公尺時的距離已算太近。

5　目標交換率計算方式：消耗彈藥數 ÷ 擊中目標數。

6　第 203 戰車營的駐地名稱為「隆美爾元帥軍營」（Generalfeldmarschall Rommel Kaserne），正是紀念一代名將「沙漠之狐」隆美爾。

7　V 為德文的 Verbessert，意為「改進型」。

8　HU 是匈牙利使用的版本。

圖 1-13：豹 II A7V 主力戰車，即將成為德國陸軍戰車營的標準車款。（Photo ／ Bundeswehr）

3. 現代德軍軍馬：貂鼠步兵戰車

由於貂鼠 II 型步兵戰車的研製案生變，在盼無新車款來接替的情況下，只好讓它的前身──貂鼠 I 步兵戰車，硬著頭皮撐下去了！

沒有接班人，繼續服役還援烏！

當年為了抗衡華沙公約組織軍隊大量裝配的 BMP-2 步兵戰車，德國將大量貂鼠 I 型步兵戰車升級為 A3 型，從 1988 年開始的十年間，以每年升級 220 輛的速度更新。

這其中較大的改良包括：裝甲防護力升級（增加 1,600 公斤車身重量），提升對俄製 BMP-2 車裝 30mm 2A42 型機砲的防護力，並提供對集束炸彈的額外抗擊力。此外還重新修改了步兵艙上的艙口、強化懸吊系統、重置剎車系統、調整變速箱、砲塔重新安置等升級。

但受限於本身狹小的砲塔空間，火力已無

圖 1-14：貂鼠步兵戰車優異的可靠性，堪稱耐操、便宜又好用的一款裝備。（Photo ／黃竣民）

再升級的可能，加上現代俄系主要的步兵戰車火力顯著提升，貂鼠 I 型步兵戰車上的 20mm 機砲顯得軟弱無力，也讓今日的德國裝甲擲彈

兵對這款武器取了「敲門砲」的稱號[9]。

　　不過為數龐大，且升級到貂鼠 I A3 型步兵戰車的版本，仍是目前德國陸軍使用的主力車型，即便到了二十一世紀後，裝甲擲彈兵還是搭著它上陣，也出口到智利、印尼、約旦等國，甚至**軍援烏克蘭抗俄的武器清單也有它！**

　　先前的貂鼠 I 型步兵戰車為了執行反裝甲作戰，在砲塔外搭載了「米蘭」（MILAN）反坦克飛彈發射器（攜帶 6 枚飛彈），這批飛彈的射程約兩公里，採用有線導引（需要持續瞄準目標直至命中為止），其彈頭採用的是高爆反坦克彈藥，可炸穿 650mm 厚的裝甲。

　　雖然改良後的款式**可將射程提高至 3 公里，而且可擊穿超過 1,000mm 厚的裝甲和 3 公尺厚的鋼筋混凝土碉堡工事**，不過也已進入其壽命末期。

　　在 2020 年時，德軍已經採購「多功能輕型導引飛彈系統」（Mehrrollenfähige Leichte Lenkflugkörpersystem，縮寫為 MELLS），並安裝在貂鼠 I 型步兵戰車上以逐步取代舊式的米蘭飛彈。該型飛彈的射程延伸為 4 公里，而且在飛彈發射後如果發現問題，仍可透過防故障的光纖持續操縱，對敵軍戰車構成更大的威脅。

　　之後在 2003 ～ 2004 年間推出的貂鼠 I A5 型步兵戰車，可說是貂鼠步兵戰車的終極版，也是對乘員防護力最佳的一款。隨著海外派遣任務增加，該型車款也部署到科索沃維和部隊（KFOR）、阿富汗等地執行任務，也意識到貂鼠在抗地雷威脅的防護不佳，因此在車底的防護工程也有了更大的強化。

　　這些強化包括調整乘員艙的固定式座椅，和原本車艙內底部的設備；當車底遭遇重大爆炸時，除了確保底盤不被炸穿外，其產生的爆震也不至於造成裝甲擲彈兵受到嚴重傷害。這種裝甲車輛座椅的改變，也已成為今日世上各軍工廠推出裝甲車的標配，顯見抗地雷、IED 的車組人員防護已逐漸受到重視。

服役半世紀，升級再升級

但改良後的貂鼠 I A5 型步兵戰車，車重達 37.5 噸（服役初期的貂鼠 I A1 ／ A2 型步兵戰車只有 29 噸，貂鼠 I A3 型為 33 噸），在沒有更換動力系統的情況下，得負荷更多機件重量，除造成機動力下降外，還得注意冷卻系統避免讓引擎過熱。以致後續更先進的貂鼠 I A5A1 型步兵戰車，陸續於 2010 ～ 2011 年升級，主要配備了空調系統（使車內外溫差達到 18°C），和抗擊 IED 與多頻譜偽裝的干擾器，換裝平直式裝甲側裙，增設方形置物箱等。

這些修改導致後部戰鬥艙的乘員從 6 名減少為 3 名，主要用作超重型武器運載車或補給車。而為了延長它們的服役期限，幾年前德國國防部還斥資 1.1 億歐元，規畫將 71 輛貂鼠 I A5 型步兵戰車的動力傳動系統升級（新引擎的輸出馬力從 600 匹增為 750 匹以上），由萊茵金屬公司負責執行改裝套件、承載與專用工具、後勤組件及相關替換零件，和培訓服務的

整體換裝工程，也於 2020 ～ 2023 年期間開始執行。

細數這款貂鼠步兵戰車自 1971 年即加入聯邦國防軍服役，迄今已超過半個世紀！儘管後繼接替的「美洲獅」（Puma）步兵戰車也陸續列裝部隊，不過產量僅每月 2 ～ 3 輛的速度實在緩不濟急，加上換裝訓練的時程延宕，迫使這種可靠性高的車款仍在德國陸軍裝甲擲彈兵部隊中活躍著。如果把「老兵不死、只是凋零」一語套用在現代德軍的裝備上，貂鼠步兵戰車應該就是最佳的寫照！

9　二戰初期德軍使用的 37mm 戰防砲，因為穿甲能力不足、無法擊毀盟軍的戰車裝甲，故得此名。

圖 1-15：由於美洲獅步兵戰車換裝狀況不斷，貂鼠步兵戰車恐怕還得繼續承擔多年軍馬角色。（Photo ／黃竣民）

圖 1-16：針對海外任務所改良的貂鼠 I A5 型步兵戰車，車重達 37 噸以上，雖然機動力下降，但防護力與乘員舒適性則大有提升。
（Photo ／黃竣民）

4. 日耳曼長劍：PzH-2000 型自走砲

德國砲兵在冷戰期間操縱大量的美製 M-109 型自走榴彈砲，到了 1973 年時，德國、英國和義大利三國想合作研製一款能取代 M-109 型自走榴彈砲的後繼產品，並在聯合開發案中稱為 PzH-70（或 PzH 155-1）自走砲。

雖然採用了多項當時最新的技術，卻因開發成本不斷增加與技術問題一再延宕，最終三個國家在 1986 年宣告分手。不過，後來這三個國家也推出了各自的產品，也就是義大利「帕爾瑪利亞」（Palmaria）、英國 AS-90 和德國的 PzH-2000 型自走砲。

1987 年時，聯邦德國國防部正式提出了研製新式自走砲的案子，規格要求包括：射擊普通榴彈的射程須大於 30 公里、使用火箭增程彈時須大於 40 公里；而這款由萊茵金屬公司所研製的 52 倍口徑 155mm 砲，是基於 1970 年代早期的 FH155-1 型野戰砲改良而成，完全符合此戰術需求。

這款自走砲樣車在測試期間，還曾遠赴加拿大、美國、葉門等地進行寒帶、熱帶地區極端氣候的考驗，在 3 年測試期間**共行駛超過 2 萬公里、曾在連續 9 天內發射 8,116 發砲彈；**且不分晝夜的在不同陣地間機動變換 125 公里、測試 7 項射擊科目、射擊 300 發砲彈，這才淬鍊出這款性能優異，堪稱經典的自走砲。

兩分鐘內開完 10 砲走人，誤差僅 1 公尺

回顧先前多國合作的 PzH-70 型自走砲計畫，耗時 15 年後無疾而終，但德國人自己研發出 PzH-2000 型自走砲卻僅用了 10 年時間，就打造出目前世界上最先進的 155mm 自走砲，也算是現代大型武器裝備研發的成功典範。

PzH-2000 型自走砲的編制乘員有 5 名（車長、駕駛手、砲長、兩名裝填手），戰鬥重量為 46 噸，使用 MB 871 型 8 汽缸渦輪增壓柴油引擎，搭配 HSWL-284C 自動變速箱提供動力，最大輸出動力為 986 匹馬力，在 2,700 轉時即可輸出近 1,000 匹馬力。

最大路速達每小時 60 公里，越野速度為每小時 42 公里，續航力在每小時 30 ～ 40 公里的速度下可達 420 公里，油耗每 100 公里為 240 公升，使 PzH-2000 自走砲的**機動性基本上與主力戰車相同**。

而車上的 52 倍徑 155mm 榴彈砲俯仰角度為 -2.5°～ +65°，最快能在 9 秒內發射 3 發砲彈、射擊 10 發砲彈只需 56 秒、20 發則需 1 分 47 秒，後續持續射速也可達到每分鐘 10 ～ 13 發左右，若使用增程砲彈，**射程則可輕易超過 40 公里**，在 2013 年還經過美軍使用「神劍」（Excalibur）精準彈藥實測，並成功命中 48 公里外的目標，且**每一發的彈著誤差都不超過 1 公尺**，令人相

當滿意。

該砲能在**兩分鐘內由機動狀態到靜止、瞄準目標、發射 10 發砲彈後迅速轉移陣地**，以免遭敵實施反砲戰。相較之下，美製的 M109A3G 卻得耗時超過 11 分鐘，兩款自走砲的戰場生存力在此可見一斑。

它的彈藥裝填也採全自動方式，兩名操作手能在 12 分鐘內，將 60 發容量的彈艙重新裝填完畢。由於採用自動裝填，讓該砲擁有較高的射速，能夠執行精準火力支援。而最多 5 發「同時彈著[10]」（Time-On-Target，縮寫為 TOT）的「多發同步射擊模式」（Multiple Rounds Simultaneous Impact，縮寫為 MRSI）更是技壓群雄。在阿富汗實戰的表現，它憑藉著遠距離精準射擊的威力，在極短時間內投射大量彈藥至目標區，**讓敵軍來不及脫離前便遭受極大傷亡，為它贏得了「聯軍長臂」（The long arm of ISAF）的美稱**。

PzH-2000 型自走砲的砲塔，由於考量在歐

圖 1-17：有聯軍長臂之稱的 PzH-2000 型自走砲，目前也被投入烏克蘭戰場參戰。其砲管壽命原本的設計約為 4 千發，但經烏克蘭軍方實證後卻表示可以承受 2 萬發無虞。（Photo ／黃竣民）

洲道路行駛時會通過隧道，因此砲塔有著弧形的頂部造型，行駛時火砲會放在火砲固定架上。在車頂加掛如鉚釘狀的凸起物，是新型的「刺蝟裝甲」（Igelpanzerung），以提高一般車頂裝甲較為薄弱的防護力（見上頁圖 1-17）。而諾長的砲管，讓藥室的燃燒容積從原來的 18.8 公升（FH-70 型）增加為 23 公升，而射擊時的火砲各項參數，例如砲膛溫度等都能自動監測，自動化程度相當高。

由於組織調整，德國砲兵從「陸軍結構 2005 － 2010」（Heeres-struktur 2005-2010）的編裝中，已全面汰除牽引砲與 M-109 型自走砲車，只保留 PzH-2000 型自走砲及 MARS 多管火箭砲作為陸軍的火力骨幹。另外，砲兵部隊也遭到大幅裁撤。考量到單車的相對火力大增，因此德國陸軍自走砲連的編制，也從原為編制 4 輛的 M109A3G 自走砲，在換裝 PzH-2000 型自走砲後修訂為 3 輛，便能執行相同任務，達到一樣的火力支援效果。

自 2022 年 2 月爆發俄烏戰爭以來，德國和荷蘭已陸續將本身的 PzH-2000 型自走砲軍援給烏克蘭軍使用，雖然一度傳出過度使用不相容的彈藥導致砲管壽命大減，與人員訓練不足影響操作等狀況，**烏軍仍對該型自走砲讚不絕口，並表達出希望增購 100 輛的要求**（價值 17 億歐元）。德國政府也計畫向烏克蘭提供更新型的「火山」（Vulcano）高精準導引砲彈，這款號稱「地表最精準的砲彈」是由「貝宜」（BAE）與義大利「李奧納多」（Leonardo）公司合作研發，**能擊中 70 ～ 80 公里之內的目標**，誤差範圍為 1 公尺。

近來，為了結合「德國陸軍 4.0」的轉型工程，轉型關鍵聚焦於中程曲射火力項目，而 120 輛訂單的輪型自走砲將是本案中廝殺最激烈的項目，這是否也意味著，PzH-2000 型自走砲將另有規畫呢？

---

10 在迅速發射數發砲彈後，同時命中同一目標的能力。

5. 裝甲擲彈兵的新寵：美洲獅接班貂鼠

作為聯邦德國陸軍的軍馬——貂鼠步兵戰車的接班者，美洲獅步兵戰車也有著異於其他武器裝備的發展起源。先前研製貂鼠 II 型步兵戰車的計畫，雖然在德國統一後被喊卡，但研發期間所累積的技術能量，卻為後續的步兵戰車研發計畫提供了寶貴的養分。

德國後來在 1996 年啟動了一項名為「新裝甲載臺」（Neue Gepanzerte Plattformen，縮寫為 NGP）的後續研發項目，旨在讓不同任務構型（APC、IFV、ADA 等）的裝甲車輛共用同一載體以節約經費。而其研究結果轉交給由德國的兩大軍工企業：克勞斯－瑪菲·威格曼和「萊茵金屬地面系統」（Rheinmetall Landsysteme）合作成立的「項目系統與管理」（Projekt System & Management，縮寫為 PSM）公司。到了 2002 年，德國聯邦議會正式批准為德國陸軍研發美洲獅[11] 履帶式步兵戰車的計畫。

戰場士兵的代步豪車

從原型車的外觀來看，美洲獅步兵戰車與最後定型、裝備部隊使用的款式相比，最大差異處不外乎是在原型車上最初為了減重而使用 5 對路輪。其車側雖裝有大面積厚重的裝甲側裙，卻仍可看出 5 對路輪較複雜的懸吊裝置。而車上的砲塔外觀看起來也比較陽春，並使用迪爾公司為空運需求而開發的 DLT-464D 型輕量化履帶（比豹 I 型戰車的履帶輕了 40％，卻具有相同的耐用性與使用壽命）。

不過經過反覆的行路測試後，核定量產的版本修改為 6 對路輪，因為在長距離的駕駛測試中（包括運到挪威、阿拉伯聯合大公國進行

機動性的多項評估），6 對路輪的設計明顯提供了較佳的行路感。

在一系列的性能規格測試後，德國國防部於 2009 年訂購了 409 輛該型步兵戰車，**然而後續逐漸砍單，造成單價飆升（從 760 萬歐元升到 1,700 萬歐元）**，說它是目前全球最昂貴的步兵戰車一點也不誇張，而這樣的結果也讓它除了在德國陸軍存在之外，實在難以在國際市場上競爭。

美洲獅步兵戰車的心臟組成，是一具 10 缸 MT 892 Ka-501 型的柴油引擎，其特點是體積小、重量輕，還可輸出 1,008 匹的強大馬力碾壓市場上同級車款。而搭配的 HSWL-256 型自動變速箱的結構緊致、重量輕盈，且擁有最新的全數位控制技術，具備罕見的前進 6 檔、後退 6 檔的檔位選擇，比舊式自動變速箱在換檔上更綿密，能更有效發揮引擎功率的輸出（見下頁圖 1-18）。

而採用非對稱耦合（decoupled）的設計，

也能有效降低整體噪音與震動。這種動力套件組合，在車體防護等級 C 級時的推重比約為每噸 27 匹，這數據比以往同級系統減少了超過 60%。此外還搭載了一具功率 170Kw 的發電機，其能供兩組電動散熱器的風扇及空調系統中製冷劑壓縮機的運轉使用，以降低油耗。

雖然其戰鬥重量直逼早期的俄製 T-72 戰車，卻擁有最大路速每小時 70 公里的速度（最大倒車行駛速度為每小時 40 公里），平均越野速度超過每小時 30 公里，續航距離 450 ～ 600 公里，機動能力與其他同級車相比毫不遜色。

由於美洲獅步兵戰車採用的是液壓氣動式懸吊系統，這種結構設計緊湊，不會占用過多車輛地板空間，與一般德軍戰甲車普遍使用的扭力桿懸吊方式大不相同。而且分離式的行駛裝置非常安靜，讓行駛路感相當靈敏；加上驅動總成的綜合效果，能將戰鬥艙內的機械運轉噪音與履帶行駛帶來的震動大幅降低：車輛行駛時的**車內噪音值僅 95 分貝（dBA）**，一般同級

圖 1-18：美洲獅步兵戰車的原型車，可以看到新型的「複合式輕量可塑性反應裝甲」裝甲側裙，與不對稱設計的無人砲塔。（Photo／黃竣民）

步兵戰車的噪音大多高達 120 分貝。這能確保車組乘員較佳的乘坐環境，並延長戰鬥持續力。

戰備升級，車內空間卻縮小

美洲獅步兵戰車在裝甲防護技術上的投注絕對值得大書特書，還有 A、B、C 三種等級的模組化套件，端視客戶或戰場環境需求使用。車體採用了「先進模組化裝甲防護」（Advance-Modular-Armour-Protection，縮寫為 AMAP）的複合材料提供防護，車底抗炸能力**足以承受重達 10 公斤的高爆地雷在車底引爆**；並以「薄金屬彎曲技術」（Dünnblech-Biegetechnologie）製造，對於地雷、IED 或穿甲彈的防護上，能產生較少的爆破效應和結構斷裂點。

車體側面裝甲由鋼板製成，並使用減震螺栓安裝多達兩層的模組化裝甲。這兩層被動裝甲，最可能是陶瓷複合裝甲。車頭正面大傾斜角度的設計，抗擊 14.5mm 穿甲彈或 30mm 彈藥的射擊都不成問題。無人砲塔則採用新的合金焊接而成，與美製 M-113 裝甲運兵車或 M-2 布萊德雷步兵戰車所使用代號 5083 的鋁合金相比，**其硬度在同樣厚度的情況下強了 3 倍**。

車內乘員所乘坐的吊籃式座椅，也為抗擊地雷或 IED 威脅時提供最好的防護，讓士兵免於在爆炸的震波中受傷。這樣的吊籃式座椅也是首次在德軍的裝甲車中運用，後續為德軍生產的步兵戰車或裝甲車乘員艙，都有這種為提升乘員生存性的座位設計，世界各國也紛紛開始仿效，並成為當今的新主流。

在車尾則可加掛隔柵裝甲防護，車頂敷設了大面積的刺蝟裝甲，以對抗成型裝藥彈頭威脅。也由於全新開發的油箱結構尺寸大幅減少了重量與空間，讓美洲獅步兵戰車的乘員得以獲得更多的裝甲防護力。目前除了俄羅斯少量的 T-15「阿瑪塔」（Armata）步兵戰車或許具備同一等級的防護強度外，其他款式的步兵戰車都難與其相提並論。

德國陸軍使用的美洲獅步兵戰車以 Level-A

作為標準構型，至於最強的 Level-C 裝甲套件，**則能在前線由維修人員或車輛乘員在半小時內安裝完畢**，但這也會使車體重量大增（空重達 40.7 噸，戰鬥重量 43 噸）。

Level-C 的防護等級，會在 Level-A 的基礎上進一步補強側面防護，以新型的「複合式輕量可塑性反應裝甲」（Composite Lightweight Adaptable Reactive Armour，縮寫為 CLARA）裝甲側裙，涵蓋兩側完整輪廓、一具可套住整座遙控砲塔的裝甲模組，以及一組安裝於底盤頂部的裝甲模組，使其側面防護能力達到與車體正面相同的水準，砲塔與車頂的防護力也獲得強化，使得抵抗攻頂武器破片的能力大增，車體正面的防護則維持與 Level-A 相同。

由於車重與體積的關係，得依賴 A-400M 型運輸機空運。一般的運輸方式是一批 4 架次為編組，先將 3 輛基本款（A 級）的美洲獅步兵戰車送入戰區，第 4 架次則裝載 C 級的裝甲防護套件和簡易起重設備，這樣便可以在短時間內將這批共 3 輛的美洲獅步兵戰車，升級為 C 級裝甲防護等級並投入戰鬥。

由於車艙設計採用了自動化的無人砲塔，可省略較占空間的砲塔吊籃，也留出更大空間供乘坐的裝甲擲彈兵運用（最多可容納 9 名裝甲擲彈兵）。不過也有報告指出，美洲獅步兵戰車後部乘員艙的高度過低，**只能容納 6 名身高低於 184 公分的裝甲擲彈兵**，即使在步兵戰車前部的組員，最大身形也得在 191 公分以下。而舊式貂鼠步兵戰車後部的乘員艙設計，則允許身高達 196 公分的士兵乘坐，相對之下明顯比較寬敞。

此乃因為 15 年前該車在設計時所引用的醫療統計數據，並未能預測未來人均身高的上升，且當時的工程設計師決定犧牲內部空間以提供乘員更高的防護力，這包括安裝特殊功能的防爆座椅等，使得車廂內部空間更窄。從採用中空裝甲設計的後擋板即可看出，這並不算大的

後艙門開口，將讓搭乘的裝甲擲彈兵在上下車戰鬥時，動作不夠俐落。

大螢幕，戰場資訊一目瞭然

成為新型態裝甲擲彈兵的軍馬，美洲獅步兵戰車當然也要配備數位化的網路作戰資訊系統，而該款步兵戰車也是第一輛能結合「未來步兵」（Infanterist der Zukunft，縮寫為 IdZ）系統的戰鬥車輛，其具備經數位連線交換所需資訊，提供 GPS 相關作戰支援的能力，然後**透過設置於班長座位旁的大螢幕，讓搭載的裝甲擲彈兵班獲得車內／外的同步戰場資訊。**

而更新推出的「未來步兵－強化系統」（IdZ-ES），則是以建制班為單位，將單兵筆電、無線電、電池和 GPS 裝置、通信頭盔、夜視鏡、紅外線接收裝置等網狀化作戰[12]所需的資訊裝備納入，讓班長的頭盔顯示器能提供包含地形、敵／我軍、武器位置等資訊的「共同作戰圖像」（COP），並與其他作戰車輛連結同步作戰資訊。採購計畫已於 2012 年開始，這些由網路、通訊、電子、導航設備所構成的高科技模組化系統，已被優先裝備於赴阿富汗的兩個步兵特遣隊使用。

談到美洲獅步兵戰車的火力時，車上搭載 30mm 機砲的「槍騎兵」[13]（Lance）無人砲塔，應該也算是在設計上的另一個新頁。在這座不對稱設計的砲塔上，主要安裝了一門「毛瑟」（Mauser）公司生產的 MK 30-2 型 30mm 機關砲（見下頁圖 1-19），它採用雙鏈式進彈設計，**在射擊時不需更換彈種，射手即可直接選定彈藥射擊**。這在面臨不同種類的射擊目標時，可大幅降低更換彈種所需的再裝填時間。

該型機砲全重 198 公斤，一般情況下的最大射速為每分鐘 200 發，必要時可增至每分鐘 700 發（但因備彈量因素，基本上用太不到），最大射程約 3,000 公尺，目前有三種彈藥可用：如果要射擊裝甲目標、碉堡工事、武裝車輛或提供步兵火力支援等目的，可使用

圖 1-19：美洲獅步兵戰車上無人砲塔的 MK30-2 型 30mm 機砲，以其精準度著稱，搭配新型空爆式彈藥的殺傷力更是驚人，砲塔周邊可見到其針狀的刺蝟裝甲。（Photo ／黃竣民）

PMC-287 型 30×173mm 的翼穩脫殼穿甲曳光彈（砲口初速達每秒 1,385 公尺）或 PMC-283 型 30×173mm 可碎裂彈蕊脫殼穿甲曳光彈；而如果是對付步兵部隊、倉庫目標或低空目標（低速旋翼機或無人機〔UAV〕等），使用 30×173mm 的 PMC-308「空爆彈藥」（Air Burst Munition，縮寫為 ABM）的效果則更佳。

自己計算爆炸時機的彈藥

　　PMC-308 空爆彈藥是該車攜帶的一款新彈種，本質上是一款「可程式化定時引信彈藥」（Advanced Hit Efficiency And Destruction，縮寫為 AHEAD），並配備了「動能定時引信」（KETF），這是一種新型的程式化電子計時裝置，能控制彈頭飛行一定時間後，在接近目標的最適當距離才引爆；並將彈頭內裝的 162 顆圓柱狀鎢合金次彈頭散布，對敵軍軟目標[14]、集結部隊、半遮蔽式陣地，甚至是慢速低空進襲的目標都具備相當大的殺傷力，射程更遠達 4,000

公尺。

　　該型彈藥的運作方式，是透過裝在砲口制退裝置旁的電子線圈，讓空爆彈藥在通過砲口時，砲口初速測量線圈會將砲彈速度回傳至射控電腦，**射控計算軟體會根據先前射控系統傳來的目標相關參數（如目標距離、種類等），從而計算出最適當的彈藥引爆時機**，然後將此一參數傳輸至砲口的引信設定線圈，讓彈藥在出砲口之際即以電子方式完成動能定時引信設定。而這整個過程都**在彈藥通過砲口的那一瞬間內完成（僅 25 微秒，也就是 0.000025 秒）**，這也是現代彈藥中即將引領潮流的一種尖端技術。

　　以捷克新一代步兵戰車競標案為例，名單內共有 4 款車輛參與角逐，分別是美洲獅和 2016 年在「歐洲防務展」（Eurosatory）初登場的山貓、CV-90（BAE 版）與「阿斯科德」（ASCOD）。實彈射擊測試項目包括在 1,200 和 1,800 公尺距離上，對 8 個目標各射擊 5 發，合計射擊 40 發。

在射擊當天天氣多風的狀況下，理論上機砲應更難以擊中標靶。但美洲獅步兵戰車卻交出了高達 92.5%（37／40 發）的命中率，且 8 個獨立目標均有命中！即便是射擊成績第二好的參賽者，命中率也只有 47.5%（19／40 發），幾乎只有美洲獅的一半。顯見這門毛瑟公司的 MK30-2 型 30mm 機砲，絕非浪得虛名！

在副武裝方面，還有 1 挺 MG4 型 5.56mm 同軸機槍，未來也可能升級為 MG5A1 型，以利射手選擇不同射速（每分鐘 600／700／800 發）。砲塔的 30mm 機關砲與 5.56mm 同軸機槍共用同一個盒狀俯仰機構，砲塔的水平迴旋與砲身俯仰伺服機構均與雙軸穩定的系統連結，使這座砲塔**不僅能在行進的狀況下接戰，還依然保有超高的精準度**。

在反裝甲戰鬥能力上，如同舊款的貂鼠步兵戰車搭載米蘭反坦克飛彈發射架一樣，從 2018 年起，美洲獅步兵戰車也將裝配「長釘」（Spike LR）長程反坦克飛彈，讓美洲獅步兵戰車就算遭遇現代主力戰車時，也一樣能毫不畏懼，在 4,000 公尺距離外先下手為強。

首批 41 輛搭載長釘飛彈的美洲獅步兵戰車，即將被納入北約 2023 年的「高度戰備聯合特遣隊」（VJTF）之中。

除此之外，在對抗反裝甲武器威脅漸增的作戰環境下，美洲獅步兵戰車除了本身裝甲防護外，還安裝了「多功能自我保護系統」（Multifunktionales Selbstschutz-System，縮寫為 MUSS）。這是一種採用軟殺方式的主動防禦系統。該系統重量介於 65～160 公斤之間，每具感應鏡頭可以偵測約 95°水平方位與 70°俯仰角度的範圍，偵測誤差在正負 1.5°以內，因此要形成全車防禦最少需安裝 4 具感應器（該車標配 6 具，分別設置於車身 3、5、6、7、9 以及 12 點鐘方向），偵測涵蓋的波段包括敵方的雷射視線、雷射訊號以及紅外線訊號等。

當偵測器偵測到敵方雷射測距、標定儀，或飛彈發射時產生的紫外線訊號時，系統便能

在 1～1.5 秒內自動啟動紅外線干擾器與煙幕榴彈發射器，主動對敵方訊號源採取反制措施，同時也會發出警告告知車內乘員威脅源方向。附帶一提，該車體也採用了抗紅外線訊號功能的特殊塗料，能有效降低遭敵軍熱顯像儀觀測的機會。

美洲獅步兵戰車也擁有先進的觀測／射控系統，讓車上乘員能對遠距離目標 360°搜索、識別與標定，並遂行與主力戰車相仿等級的「殲－殲[15]」（Killer-Killer）功能，此外也能讓乘員充分掌握近距離各個方位的戰場情況，降低在近距離城鎮作戰中遭受敵軍埋伏偷襲的機會。

砲塔上方的車長瞄準儀，採用一具全穩定式可旋轉潛望鏡，內部整合了第三代紅外線熱顯像儀、護眼雷射測距儀，以及一具廣角電視攝影機。所有經由光電系統所獲得的影像，均可透過車上的光纖網路傳輸到車內每個螢幕。這套車長瞄準儀還設有雷射過濾護目鏡，能保護車長眼睛免受敵軍致盲雷射武器的傷害。

隨著載具改變，德國裝甲擲彈兵部隊編裝也跟著作出了修訂。舊款的貂鼠步兵戰車採用的是 3（車組成員）＋ 7（武裝步兵班）的編組設計，新款的美洲獅則縮減為 3＋6 的編制。

每位裝甲擲彈兵的編制武器也不同：攜行武器包括 G36 型 5.56mm 突擊步槍＋榴彈發射器、MG4 型 5.56mm 班用機槍、「鐵拳」反坦克火箭等。而在步兵艙內設有兩具多功能螢幕，可以透過網路與車上多具攝影機連結（除部分射手、車長瞄準儀的專屬射控畫面外），**各攝影機所見的畫面也可投射在車內每個螢幕**，使車內所有人員亦能掌握車外周遭不同角落情況。和舊式裝甲運兵車輛相比，大大提升了車載人員對該車的整體環境意識，而這類專門針對城鎮環境近距離戰鬥的設計，也大幅降低美洲獅步兵戰車被近距離伏擊的機會。

目前德國現役的裝甲擲彈兵有 9 個營（第 33、92、112、122、212、371、391、401、

圖 1-20：裝甲擲彈兵部隊換裝美洲獅步兵戰車的期程一直延宕，而且 2023 年要派往立陶宛擔任「高度戰備部隊」（VJTF）的美洲獅步兵戰車也狀況不斷，鬧到德國國防部長只能改以老舊的貂鼠作為先鋒。（Photo ／黃竣民）

圖 1-21：升級後，裝載長釘長程反坦克飛彈的美洲獅步兵戰車，與下車戰鬥的裝甲擲彈兵班。（Photo ／ Ralph Zwilling）

411 裝甲擲彈兵營），原先預計在 2017 年優先組訓 5 個營，2018 年再組訓另外 4 個營的進度，已因種種問題延宕，雖然生產線每年仍能交付超過 50 輛，然而換裝訓練卻屢屢發生狀況。

從交付第一批美洲獅步兵戰車以來已經過了 20 年，當時的尖端技術以今日而言或許已有些過時，因此從 2021 年便展開相關升級作業（預計於 2029 年完成，約 10 億 4,000 萬歐元），屆時這些不同批次的美洲獅步兵戰車（共 200 輛）將不再有代溝，統一為 S1 規格。

由於俄羅斯在 2022 年對烏克蘭採取軍事入侵行動，德國這才真正意識到本身已長時間忽視軍隊裝備的窘況，因此當年火速通過了 1,000 億歐元國防特別基金的法案（分成 5 年執行），其中一部分就是用於升級美洲獅步兵戰車。

在 2023 年北約快速反應部隊部署前的實彈戰力驗證中，該型步兵戰車卻頻頻發生線路、射控系統故障的窘狀，導致這批被編組在內的美洲獅幾乎得全數檢整，它們之前已被媒體加上了「拋錨戰車」（Pannenpanzer）的汙辱性標籤，現在情況卻更雪上加霜！這樣的裝備穩定性，除了讓德國國防部長感到相當憂心外，也拒絕了後續的採購案，這使得美洲獅步兵戰車的未來蒙上了更多陰影。

---

11 先前於 1983 年，軍工企業「克勞斯‧瑪菲」（Krauss Maffei）和「迪爾」（Diehl）曾經合作過一個「自負盈虧」（非經過聯邦政府授權）的裝甲車家族開發案，目標是製造一系列的戰鬥車輛，而這個案子名稱也稱為 PUMA，這是取自德文「Panzer Unter Minimalem Aufwand」（最小成本下的裝甲車）的字母縮寫。雖然後期也無疾而終，但其裝甲戰鬥車款（ACV）即是後來所催生出的貂鼠 II 型步兵戰車，讀者應避免將這兩者混淆。

12 網狀化作戰，是一種資訊化作戰概念，包括將偵測系統、指揮管理系統、武器系統以網狀連結，以達到倍增戰力、共享情報，加快指揮速度等成效。

13 槍騎兵砲塔系統是採用高度模組化設計的產物，以確保最大的靈活度和未來升級的潛力，已廣泛安裝於德製的「美洲獅」、「拳師犬」、「山貓」等裝甲車系。

14 缺乏裝甲防護，容易摧毀的目標。

15 指讓戰車車長的獨立熱像儀同時具備雷射測距功能，在射手調轉砲管後便能立即運用相關數據射擊，但這樣既昂貴（需要多一套雷射測距儀）且容易受戰場情況限制，而沒能成為當今戰車主流設計。

6. 鼬鼠空降戰車

由於德國統一之後，聯邦國防軍逐漸參與聯合國海外部署的行動，但當時德國本身的武器設計，大多數都不是在這樣的任務構想下研製的。除了噸位不重的輪式裝甲車，傘兵部隊是最適合海外部署的單位，因此這一款小巧靈活的「鼬鼠 I」（Weisel I）型空降戰車，便成了能被最快速部署的履帶式車輛，不過這樣的發展，應該也是設計該車款的初衷吧！

大的問世，小的升級

然而鼬鼠 I 型空降戰車版本實在太小，因此初期的功能衍生款式並不多（以「拖」（TOW）式飛彈和 20mm 機砲版為大宗），後來因應需求，決定在車身尺碼上放大一些，這就是後來的「鼬鼠 II」（Wiesel II）型空降戰車。

由萊茵金屬地面系統所研製的鼬鼠 II 型空降戰車底盤，其車身較鼬鼠 I 型放大超過 1 公尺，動力系統改為「福斯」（Volkswagen）的直列 4 汽缸 TDI 水冷式 1.9 升渦輪增壓柴油引擎（最大輸出馬力 110 匹）、並搭配 4HP-240 型液力機械行星式變速箱（4 個前進檔、1 個倒退檔）構成。

這兩代車型在外觀上非常容易辨識，因為增加了一組路輪，增加的空間也讓鼬鼠 II 型空降戰車能有更多的模組化產品，例如**指揮偵察車、防空飛彈車、120mm 迫砲車、救護車等**。在德國陸軍所使用的裝甲車輛中，鼬鼠空降戰車或許不是最有威嚇性的武器，但一定是最經濟、最靈活的作戰載具。

隨著德國聯邦國防軍大量採購「多用途輕型飛彈系統」（Mehrrollenfähiges leichtes Lenkflugkörper-System，縮寫為 MELLS）[16]，

取代已達服役年限的老舊米蘭反坦克飛彈，自2017年起優先從車裝貂鼠步兵戰車開始逐步換裝，而根據剩餘的彈藥數量，本應在2021年完成清倉。

然而，鼬鼠I型空降戰車搭載的拖式飛彈直到2021年才開始換裝，這也是2019年經聯邦議會批准將鼬鼠I型空降戰車加入「延壽計畫」（Nutzungsdauerverlängerung，縮寫為NDV）的一部分而已。該項延壽案是由「聯邦國防軍裝備、資訊科技與運用辦公室」（BAAINBw）與「弗倫斯堡車輛製造」（Flensburger Fahrzeugbau Gesellschaft，縮寫為FFG）公司簽訂，但在簽約前，該辦公室已經過長達一年的改裝測評和驗證程序。

本案共計有181輛鼬鼠I型空降戰車接受改裝升級，項目包括底盤、強化對地雷和砲彈破片的防護、安裝現代通訊機等，改裝工程於2022年完全交付部隊，而透過這項工程，預期可讓它們再戰到2030年！

鼬鼠衍生虎貓，主管防空

而鼬鼠II型空降戰車最成功的衍生款，就是「輕型防空系統」（LeFlaSys），也就是被稱為是「虎貓」（Ozelot）的野戰防空飛彈車。因為先前海外部署的反饋意見中，在在說明了德軍部隊的防空能力不足，但其他各型機動式短程防空飛彈車又過於笨重（如「羅蘭」（Roland）飛彈車等型號），並不利於高機動性的海外任務部署，歷經近10年的時間後，才催生出虎貓型野戰防空飛彈車的問世（見下頁圖1-22）。

由於德國陸軍在2012年後，已將部隊防空的任務全數移交給空軍，先前擔任野戰防空的主力——獵豹式自走防空砲車也隨之退役，取而代之的就是這款小巧靈活的虎貓型野戰防空飛彈車。目前它最主要使用的單位是第61防空飛彈群，而靜態式的要點防空任務，則由「網路化模組型自動瞄準和攔截系統」（Modular, Automatic and Network capable Targeting and Interception System，縮寫為MANTIS）擔任。

圖 1-22：當德國裁撤了陸軍防空部隊的獵豹式自走防空砲車後，隸屬空軍的虎貓型野戰防空飛彈車，便成為其後繼產品。（Photo ／ Ralph Zwilling）

這款虎貓防空飛彈車的編制為 2 名（駕駛與車長兼射手），車頂裝有一具 4 聯裝 FM-92C「刺針」（Stinger）短程防空飛彈發射器，刺針飛彈的有效射程達 6 公里，發射器可以 360°水平旋轉，俯仰角度的範圍從 -10°～ +70°，在空運或行駛狀態時，為節省空間可以將發射器倒轉收折。車裝一套完整的光電偵蒐儀，平時的飛彈發射車需要透過資料連線實施防空作戰，以獲得更高的擊殺率。

而在車上的光電偵蒐儀，內裝有紅外線熱顯像儀、雷射測距儀、電視攝影機等設備，旋轉塔附有穩定系統，最大有效追蹤距離約 20 公里，能夠對抗距離達 6 公里的空中目標。在必要時，虎貓也能憑藉著本身的偵搜系統搜索和接戰，不過作戰效能會降低一些。車尾設有備彈艙，空間足以收納 4 枚飛彈。

相當特殊的是，虎貓防空飛彈車除了可以發射刺針飛彈外，在兩德統一後，前東德部隊遺留下的大批俄系 SA-16 型防空飛彈（同為紅外線導引模式），也能夠用虎貓防空飛彈車發射，這是兩大陣營的武器中難得能共用的少數特例。不僅如此，它也能射擊俄系的 9K310「針－Ⅰ」（Igla-I）型飛彈，甚至法製的「西北風」（MISTRAL）飛彈或瑞典製的「機器人系統 70 MK Ⅰ」（RBS 70 MK Ⅰ）飛彈。能具備這樣的功能，也算是防空飛彈車界中的極少數了。

---

16 其實就是「長釘」飛彈的歐洲版本。

7. 舊瓶裝新酒的山貓家族

德國統一後便大刀闊斧的裁軍，為數兩千多輛的步兵戰車瞬間成為在回收場等待被拆解、報廢的主角，甚為可惜。其中的貂鼠步兵戰車雖然被汰除，但是其底盤的穩定性仍有良好口碑，先前也曾以此衍生出許多不同功能性的車款（如防空飛彈車、雷達車等），高度具備再利用的價值。

六速自排加環景座艙的九人座

也因此，萊茵金屬公司在 2016 年首度推出了 KF-31 山貓型步兵戰車，這是集最高等級的戰場生存力、機動力、火力與作戰能力於一身的履帶式步兵戰車，同時也具備先進的模組化設計概念（**延續了先前貂鼠 II 的車體加以改良**，大幅節約研發成本），車身中後部是個巨大的空艙，可以像先前一樣視任務類型，進而研發出不同款式；包括步兵戰車、裝甲運兵車、指揮車、救濟車、救護車等，並可於 8 小時內完成任務模組更換，讓客戶能經濟實惠的調整部隊結構或任務。

代號 KF-31 的山貓式步兵戰車，車身採用全焊接式的模組化裝甲，車身外觀幾乎一體成形，相當簡潔平整。不僅**針對攻頂武器的威脅做了防護強化**，車底還採用雙層裝甲設計，**具備對地雷和即造爆裂物的最高等級防護**，厚實的車尾艙門與他款步兵戰車相較，也可看出它的安全等級。

該型號車款的編制，除了車長、射手與駕駛手 3 名車組人員外，還可搭載 6 名武裝士兵。然而，由於冷戰時期德國重視裝甲的思維，促使其設計的步兵戰車還是走上了重裝化的發展路徑，使車重遠超過美軍的 M-2A3 布萊德雷和

俄國的 BMP-3 型步兵戰車，難以在國際市場上插旗。

其在機動力方面的表現，動力套件採用利勃海爾（Liebherr）的柴油引擎（最大輸出動力 635kW）、搭配艾利森廠的 HSWL-256 型變速箱，最大輸出馬力達到 1,140 匹（850kW），擁有 6 速自動排檔的靈巧駕馭功能，並延續傳統的前置引擎、車後冷卻與排氣的設計。即使它的車重高於一般車型，但在一般道路行駛極速仍可超過每小時 70 公里、總行駛距離超過 500公里。另外使用創新的塑膠履帶，也是該車輕量化的手段之一，但也可使用傳統金屬履帶（見下頁圖 1-23）。

KF-31 步兵戰車的主要武裝，是在槍騎兵砲塔上安裝一門 MK30-2 ／ ABM 30 或 35mm機砲（最多可裝載 200 發，兩種不同類型的彈藥），火砲俯仰角度為 -10°～ 45°，射速為每分鐘 200 發，該砲採雙鏈進彈、可射擊空爆彈藥。副武裝為砲塔右側的 7.62mm 同軸機槍，砲塔左側另有容納 2 枚反坦克飛彈發射器，適合搭載長釘式等長程反坦克飛彈（射程 4,000 公尺）。

砲塔內部具有良好的光學穩定系統，支持其一貫以精準、穩定著稱的武器射控，搭載最新世代的電子光學技術，包括日／夜兩用的觀測儀及熱顯像儀，外加車長與射手的雷射測距儀，能為官兵們提供 360° 的廣闊視野。

繼 KF-31 後，2018 年萊茵金屬接著推出代號為 KF-41 的山貓型步兵戰車，並針對美國陸軍「次世代戰鬥載具」（Next Generation Combat Vehicle，縮寫為 NGCV）競標案投注龐大心力。

為符合不同國家的裝甲步兵編裝，山貓研發出了兩種車型：KF-31 設計搭載 3 ＋ 6 名（武裝士兵），戰鬥重量達 38 噸；而 KF-41 則為其加長版，為 3 ＋ 8 名的車身設計，戰鬥重量更達到接近俄系主力戰車的 44 噸！

KF-41 山貓步兵戰車改採了更新款式的「槍騎兵 2.0」（Lance 2.0）雙人砲塔，並裝配

圖 1-23：使用塑膠履帶的 KF-31 山貓式步兵戰車，開啟了步兵戰車的新概念。（Photo ／黃竣民）

35mm 的「戰神」（Wotan）機砲（亦可視用戶需求更換為 30mm 機砲）和 1 挺 7.62mm 同軸機槍，機砲的俯仰角度範圍為 -10°～+45°、射速每分鐘 200 發（備彈 120～130 發），主要是射擊精準度高、且殺傷威力強大的可程式化砲彈。

另外在砲塔的兩側任務艙內各裝有 2 枚、共 4 枚長釘型反坦克導引飛彈。砲塔兩側的任務艙可視客戶需求替換裝備，如可選擇安裝無人機、電戰夾艙或更先進的「英雄」（HERO）系列「神風彈藥」（loitering munition），這也是在裝甲車輛設計上的又一次躍進[17]。

除此之外，該車在戰場感知能力與資訊共享上也提升不少，它搭載環景式的畫／夜間攝影機、射手數位化觀瞄系統、自動化的目標辨識與追蹤系統、雷射預警系統與音響射擊定位系統、戰場管理系統與戰術通訊系統，並在車艙內設有一大型螢幕面板，讓車內人員都能同時獲得戰場或該車所有資訊；而舒適的空調系

統與新款三折式座椅，則是讓士兵持續保有戰鬥力的關鍵。

山貓如遇見坦克，照打

由於山貓全車系能在 8 小時內更換任務模組組件、改變車輛戰術用途，實現如同拳師犬 8×8 裝甲車一樣的功能，而且均符合北約的要求標準，因此具備極高的運用彈性。隨著山貓在東歐、美國和澳大利亞的擴大參與競標，能否如同拳師犬輪型裝甲車那樣風光的逐一拿下國際大訂單，就只能拭目以待了！

尤其澳大利亞「大地 400」（LAND 400）第 3 階段的測評工作已在進行中，最後兩家參與競標的廠商：韓國「韓華」（Hanwha）推出的「毒蜘蛛」（Redback）和德國萊茵金屬的 KF-41 山貓各交付了 3 輛原型車（其中兩輛用於測試和評估，1 輛用於爆炸測試），以爭奪價值高達 180～271 億美元的訂單，並替換澳洲陸軍在越戰時期引進的 M113AS4 裝甲車。

目前山貓家族系列除了推出步兵戰車、裝甲運兵車版本外，更令人眼睛為之一亮的，莫過於是代號為「山貓 120」（Lynx 120）的突擊砲版本。山貓 120 型突擊砲是以 KF-41 的底盤為基礎，而其銳利的砲塔則安裝了與豹 II 主力戰車同型的 120mm 滑膛砲，可以發射新型的 DM 11 可程式化多用途彈藥，以打擊敵方輕型裝甲車、碉堡工事和反坦克小組等目標。

該車除具備出色的火力支援和反坦克作戰能力，砲塔也配有同軸機槍和 .50 口徑機槍的獨立遙控武器站，並透過資訊共享的網狀化作戰，支援地面步兵一起行動。

這款擔任火力支援的山貓 120 突擊砲，不禁令人回想起二戰後期，同樣擁有小車扛大砲不對稱戰鬥力的「追獵者」（Hetzer）驅逐砲車。除了火力驚人外，該車還安裝了**自動目標偵測和追蹤功能的 360°攝影系統**，以減少車組人員的工作負荷。

而在防護力上，針對砲彈破片、即造爆裂物、末敏彈（Explosively formed penetrator，縮寫為 EFP）等威脅的防護模組，則可以讓買家根據特定任務需求訂製。此外，它還是第一款標配了該公司自行研製「主動防禦系統」（ADS）[18] 的車款，足以攔截步兵 RPG 火箭筒或反坦克導引飛彈等威脅。雖然對手 KMW 也推出了 120mm 突擊砲版本的拳師犬裝甲車，而且還同時推出了輪式、履帶兩種版本，但未來作戰功能越來越齊全的山貓家族，除了成功拿下匈牙利訂單外，勢必也有機會成為銷往全球的新一代戰鬥載具（包括美國、澳洲、希臘等外國買家）。

---

17 「神風彈藥」亦稱「遊蕩炸彈」（自殺式無人機）。在 2022 年的俄烏戰爭中大出風頭，並開始改變戰爭型態，導致目前各家軍火商推出的新款裝甲車輛，都有將神風彈藥列為標配的趨勢，以在競爭激烈的國際市場爭取訂單。

18 不同於以色列的戰利品主動防護系統（Active Protection System，縮寫為 APS），萊茵金屬在這領域也推出了「主動防禦系統」（ADS）產品與其互別苗頭，該產品已經「功能標準安全」（IEC61508）認證為 SIL3 等級（每小時故障頻率＜ 0.00001%）。

圖 1-24：萊茵金屬在 2018 年推出了 KF-41 型山貓步兵戰車，筆者在專案經理達沃・本丁的帶領下，於基爾的廠房內做個別導覽。
（Photo ／黃竣民）

8. 德法合作的未來：歐洲主力戰車

德國現役的豹 II 戰車已經問世 40 年，法國的「雷克勒」（Leclerc）戰車也推出近 30 年，這兩款主力戰車的整體性能雖然仍屬一流，但考量今日戰場環境變化，反裝甲武器不僅氾濫，且精準度與威力也越來越高，主力戰車的戰場生存性不免令人擔心，面對更新換代的現實也日益迫切。

為此，德法兩國同意簽署共同研製下一代主力戰車的計畫案，這項名為「地面主戰系統」（Main Ground Combat System，縮寫為 MGCS）的下一代主力戰車研製案正式被啟動，計畫將在 2030 年代中期完成兩國目前使用的豹 II 和雷克勒主力戰車汰換作業。

首先由兩國軍工企業：德國的克勞斯－瑪菲・威格曼公司與法國的「地面武器工業集團」（Nexter），共同出資，於荷蘭的阿姆斯特丹成立「KNDS」（KMW+Nexter Defense Systems）；這種在第三國成立聯合控股公司的做法，是希望旗下軍火產品的出口能免受政府諸多限制（尤其是德國），讓企業能提高產量以謀求更大獲利。

是融合還是拼裝？

雙方成立聯合公司後不到 3 年，在 2018 年的歐洲防務展中，便公開展示了「歐洲主力戰車」（European Main Battle Tank，縮寫為 E-MBT）。這款以豹 II A7 的底盤搭配雷克勒砲塔的組合，並沒有讓外界有驚艷的感覺，反而認為是急就章推出的產品，只是宣告這款戰車具備了「融合一體」的可行性，順便在軍備展的場合測試風向（見第 96 頁圖 1-25）。

到了 2022 年中的軍備展覽場合，他們再次

推出了「增強型主力戰車」（Enhanced Main Battle Tank，縮寫為 EMBT）這樣的新實驗載具，總算讓外界有點新鮮感，畢竟修改後的新砲塔造型與功能，才符合現代路戰可能的需求（見第 97 頁圖 1-26）。

其砲塔搭載的主武器雖無特殊之處，是一門 CN120-26 型 52 倍徑的 120mm 滑膛砲（與雷克勒戰車同款），但未來有換裝「自動裝填與可擴性能優異火砲」（Autoloaded and SCALable Outperforming guN，縮寫為 ASCALON）的升級空間。

該款戰車砲於 2022 年完成靜態試射的第 4 級「技術完備等級[19]」（Technology Readiness Level，縮寫為 TRL），比萊茵金屬先前推出的 L51／130mm 滑膛砲的口徑大了 10mm（為 140mm 口徑），並能使用長徑比更高的穿甲彈（能夠射擊最大長度為 130 公分的彈藥），**威力與射程更大，並能使用導引彈藥達到非視線內交戰的能力。**

火砲的功率雖然有增加，但透過砲口制動器和其他降低後座力的功能，能減少砲口爆炸效應和射擊後座的行程，使其在城市環境交戰中確保周遭友軍步兵和輕型車輛的安全。由於後座力降低，機械化備藥庫能存放 22 發砲彈，而封閉式彈艙另存有 20 發，**比潛在競爭對手——KF-51 還多（最多 30 發）。**

預計到 2025 年，整個裝備測試進度便能達到第 6 級「技術完備等級」（在相關環境下操作系統），未來希望能以此款式成為歐洲戰車砲和彈藥新標準的基礎。但這樣的研發進度，不知道會不會太慢？因為同年（2022 年）軍備展中，萊茵金屬公司已經獨自推出 KF-51 黑豹主力戰車，好整以暇了！

其副武器除了 12.7mm 和 7.62mm 的機槍外，還罕見的搭載了一門 30mm 平／空射機砲。這款 ARX 30 型「遙控武器站」（RCWS），以 24V 直流電源的供電方式，採用了和「虎」（Tiger）式攻擊直升機上相同款式的機砲，能

射擊 30×113mm 的彈藥以獲得更高殺傷效果，因為它可以使用多種彈藥（如穿甲彈或空爆彈），足以毀傷無人機、神風彈藥、輕型裝甲車、防禦工事等目標，而射擊任務則是由車內的系統操作手遠端遙控操作。

砲塔安裝了「拉克魯瓦」（Lacroix）公司設計的「加利克斯」（Galix）80mm 被動防禦系統（可發射煙霧彈和干擾紅外線），也在兩側整合了以色列的「戰利品」主動防禦系統以提升戰場防護力。

該車重量為 61.5 噸，搭載 MTU 新型 1,500 匹馬力的動力套件柴油引擎與變速箱系統，讓車室騰出長 1 公尺的空間、車艙能容納身高 187 公分的車組人員作業，更保有以往優異的機動力，使最大路速達到每小時 65 公里，行駛範圍達 460 公里。

車內的車組人員席位布局也做了調整，改為 2 + 2 的座位設計（兩人在前方駕駛艙，副駕駛座為無人機系統操作手，兩人在砲塔）以配合雙人砲塔，特點在於每一位乘員都有各自獨立進出的艙蓋。而車上主要的光電系統，則由「賽峰」（Safran）集團提供，車身周圍安裝了多組攝影機與感測器，以提升駕駛與車組人員的戰場感知能力。

跨國合作案的成功基礎，首先在於確定主導方。此案中，兩國自一開始就不斷爭奪主導權，浪費時間與資源，在別家都相繼推出新產品後，仍在「地面主戰系統」上原地踏步。該案後續是否會重蹈 MBT-70 的覆轍、淪為博物館展品，軍事迷們都在關注中。

---

19 「技術完備等級」，是一種衡量設備技術發展成熟度的指標，根據「歐洲太空總署」的定義分成 9 等。

圖 1-25：以豹 II 車體為底盤，搭載雷克勒的砲塔，所推出的 E-MBT 感覺有點像急就章推出的樣品，無法令人對下一代主力戰車感到驚豔。（Photo ／ Carl Schulze）

圖 1-26：一切尚未定型的歐洲主力戰車，能否延續豹式戰車的國際市場占有率，仍有想像空間。（Photo ／ KNDS）

9. 中途殺出的程咬金：黑豹次世代戰車

　　自俄羅斯在 2015 年推出了新型 T-14 阿瑪塔主力戰車後，那迥然不同於目前各國主力戰車的構型，還有進一階火力、機動力、防護力的新戰力標準，著實令其他軍事強國感到震驚！

　　儘管德國與法國合作的地面主戰系統項目持續進行當中，但是在 2016 年時，萊茵金屬推出了自行研發多時的 51 倍徑 130mm 滑膛砲，並完成實彈射擊測試。該砲雖然在口徑上只比現役的 120mm 增加了 10mm，但使用的彈藥重量和威力卻相當驚人（**口徑增加 8%，威力卻增大 50%**，見第 100 頁圖 1-27）。

　　在製程上，這門火砲採用了「電渣重熔」（Electroslag remelting，縮寫為 ESR）技術，砲膛經過鍍鉻處理，具有垂直滑動機制並加大了火砲藥室的容積，使用全新設計的火藥推進劑和鎢合金尾翼穩定脫殼穿甲彈，一樣沒有砲口制退器，砲管壽命比俄製的滑膛砲更高，不過彈藥的重量也達到裝填手的上限，採用自動裝填裝置勢在必行。

　　雖然當時對於該款新型滑膛砲有許多傳聞，後來筆者在德國北部翁特爾呂斯（Unterlüss）的萊茵金屬兵工廠參訪時，廠方人員已表示：「目前豹 II 戰車的砲塔，已無法搭載這一門 130mm 的滑膛砲，因此**砲塔得重新設計**，而彈藥重量的增加也讓人工裝填無力負荷，**勢必安裝自動裝填系統**，另外車身也得修改以達到輕量化要求……。」

　　現在看來這一點也不假！因為在 2022 年 6 月時，萊茵金屬推出了 KF-51 黑豹型主力戰車，在整個軍事論壇上的討論熱度已經超越德法合製的歐洲主力戰車了，這也讓它成為後者最恐怖的潛在競爭對手！

沒看見你就能命中你

由於 KF-51 黑豹型主力戰車仍是以豹 II A4 戰車底盤為基礎，發動機與變速箱也一樣，但畢竟這樣的車體設計已有三十多年了，而土耳其陸軍在 2017 年的巴卜（al-Bab）戰役中，由於戰術與操作失當，遭反裝甲導引飛彈從車側與後方擊毀多輛舊式豹 II A4 型戰車，證實車身的裝甲已不足以對抗現代化的反裝甲飛彈。

在不願走上繼續增加車重，以求得更高防護力的設計思路下，開發人員將心思轉移到主動防禦系統上，希望運用新型態的「金鐘罩」防護技術，來抵銷厚重裝甲帶來的鈍重性，因此它的**車重反而比美造現役的 M1A2 戰車還輕，機動性略有提升。**

車上安裝了一款新式的雙人砲塔，搭載了增大的 52 倍徑 130mm 滑膛砲（最大射速每分鐘 10 發）和自動裝彈系統（由兩個旋轉式彈匣組成，每個彈匣容納 10 發砲彈；如有必要，則可以在車體外部再攜帶 10 發備用，讓攜行總量達到 30 發，彈匣重新裝填約需耗時 5 分鐘）。

這樣的火力攜行數量與現今的主力戰車相較實在偏低，因此也引起了一些議論。而砲塔除了配有 1 挺 12.7mm 的同軸機槍外，砲塔後方上部也裝置了 1 挺 7.62mm 機槍的遙控武器站（機槍仰角可達 +85°），用以應付複雜的住民地環境，或低空飛行的直升機、無人機等。這輛戰車擁有先進的車長和射手觀瞄裝備，**射控系統也整合了人工智慧（AI）技術，能對目標自動偵測與辨識，**全車也安裝多部攝影機，大幅增強車輛對周遭環境的感知能力。

隨著戰場型態改變與無人機威脅的趨勢大增，KF-51 黑豹戰車的砲塔與 KF-41 山貓步兵戰車一樣，也設計有模組化的功能型吊艙，讓它不再只仰賴本身搭載的 130mm 戰車砲與敵交戰。它在雙人砲塔內也設計有兩座、各能容納兩具「英雄 120」（HERO 120）神風彈藥的模組化發射吊艙，平時收納不外露，在需要時才升起發射。該型神風彈藥可執行反坦克獵殺或

圖 1-27：十年磨一劍的 51 倍徑 130mm 滑膛砲，是否能延續萊茵金屬公司在滑膛砲領域的金字招牌，繼續為國際市場所接受，同樣只能靜觀其變了。（Photo ／黃竣民）

圖 1-28：KF-51 黑豹戰車的橫空出世，是否會為德法合作的歐洲主力戰車案增加變數？（Photo ／ Ralph Zwilling）

摧毀其他戰術目標的任務，本體重量18公斤（彈頭重4.5公斤）、續航力60分鐘、飛行距離超過60公里。除了火砲威力驚人之外，這種新型態的非視線範圍打擊能力，預期也將會帶起後續各國在設計裝甲車輛上的仿效風潮。

相較於戰後德國長久以來在主力戰車編制上的4人制，KF-51黑豹戰車由於採用自動裝填系統，因此編制車組人員減為3名（車長、射手、駕駛手，取消了裝填手），但在內艙設計上，卻依然保有第4名組員的席位於左前方，這樣的彈性據稱是一種可擴充性的功能席位，旨在**讓無人機、網路、電戰系統操作員或上級指揮官能臨機加入戰鬥，透過網狀化作戰系統運作，讓「黑豹」戰車具有「一車多能」的戰場效果。**

雖然無人戰車在可預見的未來將會推出，因此KF-51黑豹戰車是否會是最後一代有人版本的主力戰車，抑或是萊茵金屬公司從有人到無人戰車轉換期間的過渡性產品，以及能否在後續的競標案中脫穎而出，目前都是各國軍事觀察家們持續關注的焦點。

而萊茵金屬公司高層在2023年2月時曾透露，正在與烏克蘭政府商討採購黑豹主力戰車和KF-41山貓步兵戰車的議題，甚至包括在烏克蘭設廠直接組裝等技術性問題，預計可投入約兩億歐元的資金，在烏克蘭選址設立萊茵金屬工廠，預計每年最多可生產400輛黑豹戰車。

此案歷經數個月協商之後，德國終於在2023年5月發布消息，放行萊茵金屬公司赴烏的投資設廠案，並和「烏克蘭國防工業集團」（UkrOboronProm）公司組成一家合資企業，負責維修和製造戰車。萊茵金屬希望從作戰車輛的保養和維修工作開始，至於生產，則可能會先從「狐」（Fuchs）式裝甲車著手。儘管烏克蘭對KF-51主力戰車和KF-41步兵戰車更感興趣。但後續能否在烏克蘭境內躲過俄羅斯的空襲，並順利量產出最新銳的德國戰車，讀者們不妨拭目以待，畢竟要在基輔組裝該新型戰車，至少也需要花上15到18個月！

10. 邊打邊跑的 RCH-155 自走砲

德國陸軍砲兵為了結合「德國陸軍 4.0」的轉型工程，一反傳統的開始接受輪型自走砲的概念，畢竟牽引砲早已從德國砲兵界中消失快要一個世代了，大家似乎也早已習慣只有履帶式自走砲與火箭砲的存在。

而目前這項組織轉型的編裝調整案，關鍵就聚焦於中程曲射火力的建構，被排入候選的熱門裝備選項是輪型自走砲（RCH-155 和 HX-3），這也是本案中廝殺最激烈的項目，但這 120 輛的訂單究竟會鹿死誰手，恐怕早已定案。

RCH-155 自走砲是以目前號稱輪式裝甲車界一哥的拳師犬 8×8 裝甲車為底盤，在上頭搭載全新自動化的「遙控榴彈砲」（Remote Controlled Howitzer，縮寫為 RCH），也被稱為「砲兵火砲模組」（Artillery Gun Module，縮寫為 AGM[20]），是當今最先進的自走砲之一。

90 秒內打完就跑，敵軍幾乎無法反擊

由於「砲兵火砲模組」內採用先進的自動裝填系統，因此全車僅需要兩名組員從事射擊準備前的繁重操作程序，同時依賴高速自動化的射擊指揮與彈道計算儀器，更只需要一名士兵即可獨立操作射控電腦！

這樣的新砲兵射擊作業基準，應該能成為各國砲兵未來裝備的新指標。這也是全球目前極少數敢以輪式裝甲車底盤搭載 155mm 榴彈砲的車款，另外同樣採用 8×8 輪式的，還有中國外貿款的 SH-11 型自走砲[21]。

RCH-155 自走砲偌大的無人砲塔，搭載了一門同樣為萊茵金屬製造的 52 倍徑 155mm 榴彈砲（與履帶式的 PzH-2000 型自走砲同款，但也可依客戶需求換裝為 39 倍徑的 155mm 榴彈砲，或是更小口徑的 105mm 榴彈砲），砲塔具

備全方位轉向能力，火砲高低俯仰角度為 -2.5°～ +65°，從進入射擊陣地到發射時間為 30 秒，**最大射速每分鐘 9 發**（平均射速每分鐘 6～8 發）、**撤收、脫離陣地也不會超過 90 秒**，十足具備「打帶跑」（Shoot and Scoot）的能力，可有效降低遭受敵軍反砲戰的威脅，更能射擊移動目標，包括海上移動的船艦也難逃其連環精準火力。（見下頁圖 1-29）。

由於火砲跟 PzH-2000 型自走砲同款，因此同樣具備多發同時彈著的能力外，更甚者，**能在行進間射擊才是該車的另一項絕活**，如果底盤不夠扎實根本就做不到，甚至連做都不敢！其射擊的彈藥可選用多種不同引爆模式的彈頭，在射程上射擊一般榴彈射程約 30 公里（6 號裝藥）、底部排氣增程彈（Base bleed）則可增加到 40 公里、增速遠距砲彈（V-LAP）最大射程達 56 公里，而若使用火山或 M982 神劍等精準導引砲彈，**則能打擊遠在 80 公里外的目標，火力覆蓋面積約 5 平方公里**，威力不容小覷，未來還

能使用北約「聯合彈道學合作備忘錄」(JBMoU) 規格的彈藥（155mm 砲彈長達 1,000mm）。

RCH-155 自走砲車長 10.5 公尺，高 3.6 公尺，戰鬥重量不到 39 噸，搭載 MTU 引擎下可輸出 815 匹馬力（600 kW），一般路速可達每小時 100 公里，行駛距離約 700 公里。該車在防護力標準上也屬同級最高，基本設計除抗擊一般榴彈破片有納入考量外，亦對地雷和即造爆裂物的威脅提高防護等級。

由於輪型車相較履帶車擁有更好的機動性、展開射擊和撤出陣地的時間更快、重量輕、後勤成本低廉等優點，所以不但受到德國本身青睞，**在國際上的第一個買家竟然是——烏克蘭！**

雖然德國之前已經陸續軍援過 PzH-2000 自走砲、多管火箭砲等軍火，但由於烏軍對於 PzH-2000 自走砲的性能非常滿意（雖然因操作不當或過度使用非北約制式彈藥，造成裝備損耗的情事時有所聞），因此雙邊除了已達成此款 100 輛的採購協議（約 17 億歐元）外，對於

圖 1-29：德國砲兵未來將採購百輛的輪型自走砲，作為 PzH-2000 自走砲與 MARS 多管火箭砲的輔助裝備。（Photo ／黃竣民）

這款新型的 RCH-155 自走砲更感興趣。

德軍最新型的武器，竟然優先援助外國？

罕見的是，德國迅速批准了烏克蘭採購這 18 門 RCH-155 自走砲的案子（金額約 2 億 1,600 萬歐元，從聯邦政府對烏克蘭的援助基金中支付）。這下殺出了程咬金，因為根據製造商克勞斯－瑪菲·威格曼公司的說法，該製造期程約需 30 個月，也就是說，**德軍本身原訂 2025 年要接裝的首批 18 輛 RCH-155 自走砲，將會被先移交給烏克蘭軍方使用！** 德國本身的砲兵單位究竟何時才能夠接收到該型裝備，現在根本都說不準了！

雖然北約會員國不斷增加，但是 2014 年北約軍費支出卻降至冷戰後的新低點，從俄羅斯併吞克里米亞開始，後續又在烏東挑起分離主義鬧事，歐洲各國才開始警覺到普丁的野心，並在美國前總統唐納·川普（Donald Trump）的大力施壓下，讓北約多個成員國國防預算長

期低迷的情況有所改善。而諷刺的是，**身為北約大國的德國，正是其中一個軍費支出長期低於標準的國家！**

為了加強在東歐的防禦，北約輪流在波蘭與波羅的海三小國駐軍，並加大對國防預算的挹助，這也讓歐洲的軍工企業獲利大幅躍升。光是德國老牌的萊茵金屬公司股價一路走升，2023 年又比去年獲利增加約 15%，公司股價從 2014 年的低點到 2023 年已漲了 7 倍。而克勞斯－瑪菲・威格曼公司在推出這款自走砲後，之所以急著想送去烏克蘭戰場實戰考驗，很大原因就是希望放眼國際市場。

因為瑞士也開出了汰換 M109 KAWEST 自走砲的標案，RCH-155 自走砲將與「英國航太」（BAE）的「弓箭手」（Archer）自走砲競爭，如果 RCH-155 自走砲能率先在實戰中展現出其戰力，將會在該案中取得相當大的優勢。

未來的德國陸軍砲兵，已經明確表示需要加入一款輪型自走砲，一旦 RCH-155 自走砲成軍部署後，其角色恐怕並不是取代履帶式的 PzH-2000 型自走砲，而是擔任輔助的角色以保持自身戰術的彈性。RCH-155 自走砲除了現有優異性能外，未來還能透過網路系統遠程控制、自動駕駛與射擊，發展潛能非常巨大。

---

20 砲兵火砲模組的原型於 2004 年公開，重 12.5 噸，可以安裝在 6×6 或 8×8 的卡車、履帶式車輛、主力戰車或防禦前線陣地上，是一款現代化且成本效益相當高的火砲系統。

21 南非的 G-6「犀牛」（Rhino）則是採用 6×6 底盤。

11. 步兵的母艦：拳師犬裝甲車

德國早在 1990 年 2 月，便有跡象顯示想要研製一款新型輪型裝甲車，不過後來因為政治情勢轉變而被延宕，直到 1996 年初，這個案子才又動了起來。因考量經費與產量的研發成本，於是在 1998 年 4 月，由德國、英國和法國達成一項聯合研發輪型裝甲車的協議，在英國稱之為「多用途輪型裝甲車」（Multi Role Armoured Vehicle，縮寫為 MRAV）、法國則稱為「模組化裝甲車」（Véhicule Blindé Modulaire，縮寫為 VBM）、而德國稱為「裝甲運兵車」（Gepanzertes Transport-Kraftfahrzeug，縮寫為 GTK，見第 108 頁圖 1-30）。

而由這三國背後的軍工企業所合資成立的「裝甲科技公司」（ARTEC GmbH），則主要由英國的「維克斯」（Alvis Vickers），德國的克勞斯－瑪菲‧威格曼、萊茵金屬陸地系統，

和法國 GIAT 合資成立。後來法國於 1999 年因內部政治壓力宣布退出聯合專案，自己後來單獨研發「步兵戰鬥車輛」（Véhicule Blindé de Combat d'Infanterie，縮寫為 VBCI）計畫，2001 年初荷蘭加入研發團隊，稱之為「人員武裝載具」（Pantser Wiel Voertuig，縮寫為 PWV），並派出自家「史托克」（Stork）公司參與計畫。

直到 2002 年年底，MRAV 才正式被命名為「拳師犬」，不過到了 2003 年「第二次波斯灣戰爭」（伊拉克戰爭）開打後不久，英國也接著宣布退出此計畫，決定自行研製所謂的「未來快速奏效系統」（Future Rapid Effect System，縮寫為 FRES）。

隨著拳師犬輪型裝甲車橫空出世，由於其嶄新的模組化設計概念，完全顛覆了先前輪型

圖 1-30：拳師犬的 2 號原型車（GTK-PT2），德國一共製造了 10 輛此款原型車。（Photo ／黃竣民）

裝甲車的使用邏輯，更將所謂的模組化展現出另一種境界。以往為了開發成本考量，各國都有引以為傲的家族衍生款任務車型設計，但拳師犬只需更換任務模組艙的先進結構設計，便能將原本需 12 輛才能執行的任務部隊編組，減少到只需要 6 ～ 8 輛車、外加 5 種任務模組化車艙即可執行同樣的任務。

德國聯邦國防軍將大量引進拳師犬輪型裝甲車，以汰換老舊的 M-113、狐式六輪裝甲車，並成為德國快速反應部隊的主要裝備，由於使用口碑極佳，目前已經成為德國陸軍官兵口中的「步兵母艦」（Mother ship of the infantry），未來可能還會有更大的運用空間。

為了跟隨主力戰車越野作戰，拳師犬 8×8 裝甲車搭載 MTU 直列 8 缸的 199 TE-20 型柴油引擎動力套件，該動力套件是以「梅賽德斯－賓士」（Mercedes-Benz）OM 500 型商規引擎為基礎，所改良而成的 OM 502 LA 型動力套件（該系列發動機的設計里程為 100 萬公里），最大馬力輸出達 710 匹（530 kW），機動性能優異。

防空、救護、自走砲……60 分鐘內變身

在複雜地形下，該車的機動能力展現並沒有因噸位較其他裝甲車笨重而有落差，公路最大路速仍可超過每小時 100 公里，行駛範圍超過 1,000 公里，可垂直越障 0.8 公尺、越壕 2 公尺、爬坡力 60%。而且動力套件可在野外執行更換作業，並在 30 分鐘內完成，這樣便可大幅減輕後勤保修部隊的壓力，維持持續作戰的能力更是一大強項（見第 112 頁圖 1-31）。

在懸吊部分，則具備 8 輪各自獨立的懸吊系統，並在車輪上方所有轉向機構位置加以保護，駕駛手可選擇在 4 軸或 2 軸差速器的驅動狀況下行駛，並搭載 27 吋的失壓續跑胎（防爆胎），還配有「中央輪胎充氣系統」（Central tire inflation system，縮寫為 CTIS），可見拳師犬裝甲車的胎壓，會根據地形不同而有明顯

的差異。

　此外，拳師犬裝甲車在為了防止遭敵命中的外型設計上，採用了新一代的隱形設計。且為提高裝甲被貫穿情況下的生存能力，該車由焊接鋼裝甲構成，並帶有 AMAP 複合裝甲，提供 STANAG 4569 4 級（抗 14.5mm 穿甲彈、30 公尺處的 155mm 砲彈破片和 10 公斤地雷）全方位基本防護，乘員艙內完全被 AMAP-L 防碎襯墊覆蓋，以阻擋裝甲和彈丸的大部分碎片對車內人員的傷害，車內的防爆座椅也是標準配備之一。

　除了引擎在降噪方面下了工夫外，對於降低遭敵紅外線或雷達偵測的細節上，也有一定著墨（熱廢氣與冷卻空氣一起通過隔熱管道排出），這可是在一般裝甲車較不會刻意設計的隱藏式強項。在阿富汗的實際運用經驗中，該車能外掛 2 噸重的防護裝甲模組，使其戰鬥重量達到 35 噸，這也是其他輪式裝甲車難以匹敵的重量，未來或許還會有其他衍生發展空間。

　在最陽春的車型上，車上基本的武裝是搭載 FLW 200 型的遙控武器站，其搭配的光電設備裝置於重機槍右側，彈藥架則位於左側。光電套件包括 10 倍放大率的彩色 CCD 攝影機和熱顯像儀，可以將識別範圍增加到 2 公里，讓裝甲車不論是白天或夜間，都能透過以雷射測距儀獨特整合的圖像功能，由遙控武器站提供車內人員週遭環境與目標的監視影像，而在遙控武器站的後方還可以裝備 8 枚煙幕發射器。

　由於採用了創新的模組化車艙設計，拳師犬裝甲車具備無可匹敵的任務彈性。此設計以固定單一車體為基礎，車艙部分視不同任務模組化替換，包括：步兵戰鬥車型、指揮車型、救護車型、火力支援載臺型、防空型、自走砲型等等，與其他各國裝甲車所謂的「模組化」概念相比，超越了不只一個檔次。

　又因整個**車型任務調換作業僅需要 60 分鐘即可完成**，既快速又方便，所有主要承載系統也包含車輛的驅動模組（完整傳動系統和所有驅

動部件、駕駛艙、空調和輔助加熱系統、引擎室的自動滅火仰爆系統等支援系統，以及任務模組的所有接口）。這種首開先例的獨特設計，使該車系在作戰部署與後勤支援上的便利性大增，不僅大幅降低車輛開發和生產成本，也讓戰術靈活性大大超越了以往的舊思維。

讓英國後悔的輪式裝甲車

由於國際政治氛圍改變，先前受制於武器管制運用的干預，讓德軍對於該款車型的使用火力過於輕量（在其他款的武器裝備上也能看見這樣的矛盾，例如虎式攻擊直升機，硬是不安裝機首的 30mm 機砲），因此普遍看到的版本是指揮型、救護型、運兵車型等。

但隨著國際市場訂單湧入，拳師犬已儼然成為輪型裝甲車界中的一哥，其他國家可沒有德國那種莫名的歷史包袱，因此面對這種優異的載臺，怎麼會只甘於安裝遙控武器站呢？

這種等同於游擊等級的火力，自然無法讓外國客戶滿意，因此搭載 30mm 機砲以上的版本便陸續推出，並成功在國際市場上傳出捷報，例如：澳洲軍方的「大地 400」（LAND 400）第二階段的競標案中，拳師犬戰鬥偵察車（CRV），便擊敗了英國航太 AMV-35 裝甲車；立陶宛和斯洛維尼亞所採購的車型類似，都是搭載 30mm 機砲 + 反坦克飛彈砲塔的步兵戰車版本。

其中最尷尬的則屬英國了。因為 2018 年英國陸軍的「機械化步兵載具」（Mechanised Infantry Vehicle，縮寫為 MIV）採購案，根據本身特殊使用需求而製定的評估項目中，拳師犬裝甲車在優異的防護力條件下，提供了高機動力、車身容量、任務靈活度、實用性和敏捷度，完勝參與競爭的法國 VBCI、芬蘭「派崔亞」（Patria AMV）、瑞士「食人魚 V」（Piranha 5）裝甲車等對手。想當初，英國可是最早的共同計畫參與國之一，可惜在 2003 年退出後自己不爭氣，弄出個失敗的「未來快速奏效系統」，

圖 1-31：拳師犬輪型裝甲車的創新模組化設計，大幅增加其在戰場上調度的靈活性。長久來看，對於節約後勤成本將更有效果。
（Photo／黃竣民）

圖 1-32：德國未來輕裝步兵營中的重裝連，將配備拳師犬的步兵戰車版本。（Photo ／黃竣民）

現在又得回過頭來採購數百輛拳師犬裝甲運輸車輛（GTF），早知如此，當初何必多繞一大圈呢？

目前，德國陸軍傘兵、砲兵與裝甲擲彈兵的裝備幾乎都在汰換中，而輕裝步兵（Jäger）單位也有新的方案推出，其中輕裝步兵營中的第五連（以往俗稱的「兵器連」），也將換裝使用配備30mm機砲版本的拳師犬輪型甲車，取代反坦克組中的鼬鼠空降戰車，成為名符其實的步兵戰車，初估約有百輛的需求。

雖然輕裝步兵的本質是帶著輕型裝備移動，但將來他們可以**使用全副武裝的裝甲運輸工具迅速投入戰場**，憑藉其優異的射程和強大火力，為步兵開闢新戰術的可能性。

由於先前得標澳洲陸軍的拳師犬輪型裝甲車，採用的是搭載槍騎兵砲塔的版本，但也有推出搭載「康士伯格」（Kongsberg）RT-60型遙控砲塔的版本。它所使用的是一門30mm的「巨蝮」（Bushmaster）XM-813型鏈砲（或

可選用更大的40mm口徑MK 44型鏈砲）、7.62mm同軸機槍、砲塔上另有1挺12.7mm重機槍的遙控武器站，和一組雙伸縮式的反坦克飛彈（ATGM）發射器，能安裝標槍、MMP反戰車飛彈或長釘飛彈，強化抗擊敵軍主力戰車的能力，在2020年代中期，應該就可以看到這種步兵戰車版本的拳師犬裝甲車服役了。

第 2 章

追本溯源——
豹、貂、鼬、豬，德國戰車家族

1949 年 5 月 23 日，法國、英國及美國將二戰後的德國占領區合併，隨後成立了「德意志聯邦共和國」也就是俗稱的「西德」。隨著韓戰爆發，東、西兩邊陣營的緊張關係逐漸升高，迫使西方盟國調整德國戰後的非軍事化政策，並解除了對西德的軍事禁令，協助成立「聯邦國防軍」加入北大西洋公約組織，一同對抗華約陣營。

戰後的德國，竟沒有自己的戰車

重建後的西德陸軍裝甲部隊，其實主力還是借重大批具實戰經驗的二戰老兵，裝備最初使用的美式 M-41「華克猛犬」（Walker Bulldog）輕戰車、M-47「巴頓」（Patton）戰車等。

後來法、德兩國也計畫開始共同研製主力戰車（MBT），希望以此打造出所謂的「歐洲戰車」（Europanzer），以配備給大多數西歐國家，擺脫美製戰車壟斷的現狀（M-47 和 M-48 巴頓系列戰車）。不過兩國的設計風格向來不搭，因此在分道揚鑣之後，各自都有產品推出。

雖然戰後德國在軍備力量上深受限制，但其官兵參戰經驗豐富，戰車設計的基礎功力更是無庸置疑，因此只要一解除封印，這一部戰爭機器又即將啟動。

西德以戰爭末期的 E-50 標準型戰車作為基礎[1]修改的產品，就是國產化的第一款主力戰車——豹 I 式主力戰車（見第 117 頁圖 2-1）。

它代表著德國戰車工藝在戰後另一款成熟的作品，也率先實現了先前法、德兩國聯合研製主力戰車成為歐洲戰車的願望，後來的豹 II 式主力戰車更在此基礎點上發揚光大。

西德的裝甲部隊，不僅馬上躍升為北約陣營中一支可恃的戰力，甚至在後續舉辦的加拿大陸軍盃戰車射擊競賽中，都取得優異的成績而不辱威名。

檢視這數十年來的競賽表現，在北約體系下，德製戰車的確讓英、美、法系戰車相形失色；而在新世代戰車的發展歷程中，**儘管德國**

人已沉寂了 **20** 年，在重出江湖後依舊可以看出其戰車工藝的高水準。

冷戰期間，德國為了抵抗華約集團所研製的戰車，在當時如此嚴峻的對峙局面下卻沒有實戰舞臺；2022 年俄羅斯入侵烏克蘭後，一些早已功成身退的戰車，反而重新披掛上陣成為抗俄的利器。

當西方陣營的裝甲車輛紛紛齊聚到烏克蘭後，能否在天氣轉變的有利情勢下，有效壓迫俄羅斯裝甲部隊，不僅考驗戰車本身基底的技術性能，還有後勤維護與官兵的訓練程度，讀者就只能拭目以待了。

1　E-50 為車重約 50 噸的戰車代號，當時預計作為豹式中型戰車（Panzer V）的後繼車款，具有更高的防護力與換裝 71 倍徑的 88mm 主砲。

圖 2-1：豹 I 戰車，戰後首批家族化的德國產主力戰車，直至今日仍有部分國家的陸軍使用中。（Photo ／黃竣民）

12. 豹 I 主力戰車，二戰舊案復活

西德陸軍重建初期，還是依賴大批的美軍官兵協助訓練，也大量使用美系裝備（因為當時德國本身的軍事工業，仍未解除得以生產製造軍火的許可），即使裝備的設計邏輯不同，德軍裝甲兵仍以此款戰車為基礎，後來成為一支可靠的裝甲兵力。

就算窮，也要「國坦國造」

1956 年初，西德各軍種的首座營區已正式開始運作，陸軍裝甲兵以安德納赫（Andernach）為新的起始點，沒過多久便移防至蒙斯特，並在那裡重建了裝甲部隊學校。但德國人期待的自產戰車還不知道在哪裡，雖然美國已軍售了一批 M-47、M-48 型戰車，短期內這些戰車還不至於過時，對於西德當時的財政也是合理、可接受的解法，然而新成立的聯邦國防軍領導層還是希望能國防自主，因此在 1956 年秋天提出了研製新型戰車以取代其他戰車的想法。

當德國的軍事工業獲准能夠再度自行研製戰車這項武器後，西德於 1956 年 11 月展開「標準戰車」（Standardpanzer）研製計畫，最終版規格於 1957 年 7 月公布。西德和法國便簽署了一項協議，以研製一款有發展潛力的主力戰車，希望這一款「泛歐戰車」能讓他們擺脫由美國人主導的局面。1958 年，連義大利也加入了此一戰車聯合研製計畫。然而人多口雜，隨著該計畫幾個初步項目的開發，針對各國軍工業強項分配，最後卻導致該案破裂，最後各國只好分道揚鑣，各搞各的。

在 1960 年代初期，法國開始根據他們的需求開發 AMX-50 戰車項目。儘管二戰結束後的

德國基本上已遭到「瓜分」，卻**沒有任何一個戰勝國會質疑德國本身研製高性能戰車的能力。**當時西方民主陣營欲在歐洲建立一道防線，對抗前蘇聯及其聯盟的威脅時，讓西德的軍工製造能量得以再度復甦。

在不到十年的時間內，從構思、研製、測試到服役，這一款西德在二戰後首度自行開發的豹 I 主力戰車，性能幾乎讓同時期的美、俄、英系戰車相形失色，並在推出之後廣獲盟邦好評而紛紛採購，開始了「歐洲豹」的銷售奇蹟（見下頁圖 2-2）。

二戰末期德國的豹式中型戰車，因為具有出色的機動力、傾斜裝甲的防護力和高倍徑 75mm 砲的強大威力，在當時被視為是主力戰車的標竿，也成為後來其他各國在設計製造戰車時遵循的標準。

新戰車的規格主要內容為：重量 30 噸、引擎推重比每噸 30 匹馬力、因作戰考量而採用複式燃料的引擎、裝甲防護力須能抗擊 20mm 砲

的直接命中、必須能在原子生化武器威脅下持續作戰 24 小時（具備濾毒通風系統）、也必須能潛渡河川（見第 121 頁圖 2-3）、主砲的口徑提升為 105mm、同時具備晝夜的射擊準確性、火力必須能在距離 2,000 ～ 2,500 公尺時，貫穿傾斜 30° 的均質裝甲超過 150mm 等。

不過這些戰術規格被一再修改，成為才後來豹 I 式戰車的基本性能。這些修正結合了德國人在二戰期間的戰鬥經驗，因此總結而言，直接影響的結果，就是優先強調火力和機動性，**反而將裝甲防護列為次要考慮因素。**

二戰「豹」復活，叱吒歐洲數十年

本案初期有 3 組聯合廠商參與競爭，分別是 A 組以保時捷（Porsche）為主、B 組以「魯爾鋼鐵」（Ruhrstahl AG）為主、C 組以「博格瓦德」（C. F. W. Borgward）為主（在 1961年倒閉後退出此案）；最後由保時捷領軍的 A 組雀屏中選。也因為保時捷公司的設計，就是拿

圖 2-2：西德國產的豹Ⅰ型主力戰車，以其優異的綜合性能，創造了「歐洲豹」的銷售奇蹟。（Photo ／黃竣民）

圖 2-3：安裝潛水套件的豹Ⅰ A4 型戰車，砲塔外型和前期不同。針對歐洲多河川的地形，這樣的潛水裝置也一樣適用在豹Ⅱ戰車上。
（Photo ／黃竣民）

戰前 E-50 型戰車[2]的基礎修改，將它改裝新的鑄造式砲塔並在車體布局變化，所以才會讓人覺得戰後研製的豹 I 式戰車原型車，似乎和二戰時聞名的豹式中型戰車有許多神似之處。以當時德國「陸軍組織架構Ⅲ」（Heeres-struktur Ⅲ）的戰車營編制，全營共有 54 輛豹 I 主力戰車：營部 3 輛＋3×戰車連（2 連部＋5×3 戰車排），構成當時陸軍裝甲師的核心戰力。

豹 I 式主力戰車在動力上，搭載的是 MTU 的 MB 838 CaM-500 型 10 汽缸四衝程複式燃料引擎（可使用柴油或汽油，甚至可用航空汽油）、引擎在 2,200 rpm 時最大輸出馬力 830 匹（610 kW）、引擎推重比為每噸 19.6 匹馬力、最高時速每小時 65 公里、道路行駛距離 560 公里（越野地形 250 公里）。

引擎和傳動裝置的設計，可以由訓練有素的工作人員在野戰條件下拆卸和更換，而且耗時不到 20 分鐘，算是當時主力戰車中設計使用模組化「動力套件包」（Power Package）的始

祖，這樣的設計也被各國仿效。相較於法國的同類型產品，豹 I 戰車在測試時**車重雖然多了 6 噸（約 18％），但速度卻比對手快了約 10％**。

由於現代的高爆穿甲彈（HEAT）和步兵反坦克火箭彈的成型裝藥，已經使滾軋均質裝甲不再有防護優勢，因此在不超過車重限制條件下，豹 I 式戰車防護力的考量順位，就被排在機動力和火力之後，也因此**有「薄皮豹」之稱**。

它的車體由焊接鋼板製成，在戰鬥室和機艙內有橫向隔板區隔（車頭裝甲厚 70mm，傾斜 30°角；車身裝甲厚約 30～35mm、砲塔裝甲為 60mm，並從豹 I A2 型起開始增厚；後期由橡膠鋼板增加防護力，即是在裝甲上另外安裝隔層的板材，以達到提早引爆射彈並減少其爆炸能量的效果）。

比起美造 M-48 巴頓或英製「百夫長」（Centurion）戰車鑄造砲塔的重量（分別是 12 和 15 噸），豹 I 戰車的砲塔重量僅約 9 噸，因此到了豹 I A3 和 A4 型的後期砲塔，能夠被焊

接具同樣防護力的外掛附加裝甲，在外型上開始有較明顯的變化。

為了對抗蘇聯的 T-54 ／ 55 和 T-62 戰車，豹 I 戰車所搭載的火砲，是出自英國「皇家兵工廠」（Royal Ordnance）的 L7A3 型 105mm 線膛砲。

當時的 L7 型線膛砲以高精準度著稱，**即使射擊距離 3,000 公尺的目標也非常準確，幾乎成為北約各國戰車的標準配備**；使用者包括美國的 M-60 巴頓、M-1 艾布蘭戰車。

而 L7A3 型線膛砲則是專門在西德生產給豹 I 式戰車使用的，該砲在後膛結構的部分尺寸有修改，以利安裝進砲塔內，火砲的上下俯仰角度為 -9°～ +20°、旋轉一圈需 15 秒，砲塔轉動採電動液壓方式。

該型火砲為 51 倍徑、砲管長 5.89 公尺、重量 1.282 噸、經過良好訓練的裝填手可以讓射速達到每分鐘 10 發，並且能發射北約所有類型的標準彈藥，包括翼穩脫殼穿甲彈初速每秒

1,475 公尺、高爆彈（HE）初速每秒 1,174 公尺、黏著榴彈（HESH）初速每秒 737 公尺、高爆穿甲彈、脫殼穿甲彈（APDS）等等。

不過使用十幾年後的豹 I 戰車，到了 1980 年代時陸續展開進一步升級計畫，並為它裝備更現代化的射控系統和夜間／惡劣天氣下的觀瞄儀器，這一批版本稱為豹 I A5 型主力戰車，也就是後來較普遍的「標準版」（見第 125 頁圖 2-4）。

豹 I A5 型主力戰車，主要將砲塔內的射控系統改為「克虜伯－阿特拉斯電子」（Krupp-Atlas Elektronik）公司的 EMES-18 型射控系統，讓砲塔兩側不再需要形狀突出的光學觀測儀器，也可以配備螺栓固定的聚碳酸酯（Lexan）裝甲板（具有耐熱、阻燃、抗衝擊的特性），以提高裝甲防護效率，另外也引進新款式的彈藥。

一般而言，德軍豹 I A5 戰車的車長會透過穩定的 PERI-R12 型潛望鏡搜尋目標，並將目標分配給射手，也就是所謂「獵－殲[3]」（Hunter-

Killer）能力的雛型。因為豹 I A5 戰車的火砲穩定系統已透過光學儀器修訂，並具備在行進間射擊的能力。

如果有必要，車長也可以越過射手掌控射擊程序，讓他得以在緊急情況下主導射手射擊。另外值得一提的是，豹 I A5 的砲塔還能夠安裝跟豹 II 戰車上同款的 120mm 滑膛砲[4]。

救活德國軍工業，還將馳援烏克蘭

西德靠著豹 I 戰車重新在世界的戰車舞臺上站穩腳步，**並生產了將近 6,500 輛**（其中約 4,700 輛是主力戰車型式）。其他相關功能的衍生車型包括：裝甲架橋車、裝甲救濟車、裝甲工程車和自走防砲車等，都是以它的底盤開發，顯見該型車款的成熟性，更讓德國的軍工產業得以迅速復甦。

值得關注的是，在 2022 年俄烏戰爭爆發以來，北約國家陸續軍援烏克蘭抵抗俄羅斯的入侵，萊茵金屬公司也發出聲明，表示可以提供 50 輛二手豹 I 型主力戰車（全數能在 3 個月內完成檢整），只要德國政府批准，預計首輛可以在 6 週內運交。

西德的裝甲部隊向來極為重視野戰防空，這乃出自於二戰時慘痛的教訓，因為在二戰的中、後段時期，德軍在失去制空權之後，許多地面部隊在作戰行動上往往功虧一簣，因此對於部隊野戰防空的重要性，在感受上比其他國家更為深刻，因此在爭取製造自走式防砲車的優先順位上並非難事。

雖然聯邦國防軍在重建初期，大量使用美製的 M16「多連裝機槍運輸車」（Multiple Gun Motor Carriage，縮寫為 MGMC）和 M-42「清道夫」（Duster）型自走防空砲車，但西德早在 1963 年就決定研製一款自走式防空武器，以取代這些美國貨。

1970 年 6 月下旬，聯邦國防軍決定採用 35mm 口徑的火砲成為爾後制式火力標準後便拍板定案，並於 1973 年與克勞斯・瑪菲公司簽署

圖 2-4：在德國蒙斯特戰車博物館舉辦的「荒原上的鋼鐵」（Stahl auf der Heide）活動中，能看到豹 I A5 型戰車的動態演出。
（Photo／黃竣民）

合約，為自身防空砲兵部隊採購超過 400 輛獵豹式自走防空砲車，首輛於 1976 年底進入西德軍方服役，之後，也帶動了其他國家紛紛仿造這種結構的防空自走砲風潮。

　　沿用豹 I 型主力戰車的底盤為基礎修改後，獵豹式自走防空砲車的動力系統除了原有同型的 MTU 引擎外，另外還配備了戴姆勒・賓士（Daimler Benz）的 OM 314 型 4 汽缸柴油發動機，位於車輛左前方（原豹 I 主力戰車的前儲彈室）作為電源供應系統，這座輔助發動機與 5 組發電機連接，用於通風、射控和雷達系統使用，另外還有一座 300-A 28 伏特的直流電發電機，用於電氣系統使用。以該車攜帶的燃油容量（985 公升）估計，足以確保系統運作 48 小時，並隨伴裝甲部隊快速機動與提供對空掩護。

豈止地面，天上的飛彈、無人機照打

　　獵豹式自走防空砲車之所以昂貴（造價幾乎是同時期豹 I 型主力戰車的 3 倍），主要是得在車上裝配搜索、追蹤雷達和射控系統，搭配「奧立岡」（Oerlikon）公司所生產的 90 倍徑雙管 KDA 35mm 機砲，構成上部砲塔的戰鬥力。在砲塔後部的 MPDR12 型搜索雷達（使用 S 波段，搜索距離 15 公里），也整合了 MSR-400 Mk XII 型敵我識別裝置。兩管機砲之間的追蹤雷達（使用 Ku 波段，搜索距離 15 公里）和雷射測距儀，整個砲塔總成的重量（含人員和彈藥）就超過了 15 噸（見第 128 頁圖 2-5）。

　　這兩種雷達系統完全相互獨立運作，由於設計為脈衝都卜勒雷達，因此具有良好的回波干擾抑制和電子反制（ECM）能力。而 KDA 35mm 機砲的射速為每分鐘 550 發、初速高達每秒 1,400 公尺（使用 FAPDS 彈藥）、有效射程 5,500 公尺、每一管機砲備彈為 320 發空爆彈藥與 20 發穿甲彈藥（射擊地面輕裝甲目標用）。與一般戰車相較，獵豹式自走防空砲車的砲塔非常靈活，為了跟蹤高速的空中目標，它可以在短短 2.5 秒內完成一圈的旋轉。

由於採用自動裝填的方式，因此全車的編制減為 3 名（車長、駕駛手、射手），車長和射手席位均在砲塔室內，車長的任務是觀測並操作搜索雷達、決定目標威脅的程度，並為後續目標做好準備；射手的任務則是操作追蹤雷達和射擊當前目標。駕駛艙的艙蓋採用兩層設計，避免開艙駕駛時，遭到迴旋中的砲塔夾傷、或射擊後退出的彈殼擊（燙）傷，保護駕駛手兼顧行駛視野與作戰安全。

雖然克勞斯・瑪菲公司後來還為獵豹式自走防空砲車開發了「彈砲合一」的系統：每一門 35mm 高射砲旁加裝各兩枚刺針飛彈，為自走式防空砲車再創另一個新紀元，不過後來系統雖然已通過測試，卻因軍費因素而從未採購及部署。

在德國統一之後，聯邦國防軍經歷了大幅的組織調整案，在第 8 次的「陸軍結構」（Heeres-struktur）編裝調整案中（執行年度為 2005 ～ 2010 年），陸軍的防空砲兵部隊被裁撤，後續的野戰防空任務全數由空軍的防空部隊接手，而獵豹式自走防空砲也悉數於 2010 年底除役，想再見到這款車的英姿，就只能到博物館欣賞了。

但諷刺的是，在 2022 年的俄烏戰爭中，**該型退役的自走防砲車，也成為德國援助烏克蘭軍方抗俄武器清單中的一項**。烏軍在操作這款野反戰車砲車後，也成功擊落俄羅斯的 Kh-101 型隱形巡弋飛彈及伊朗援助的「見證者」（Shahed-136）無人機。實戰的結果證明，這一款自走防空砲在今日反無人機作戰盛行的戰場上，儘管先前出於養護成本高昂的考量而退役，但不可否認的是，它依舊是一款有效的防空武器（見第 129 頁圖 2-6）。

雖然波蘭先前在「英國航太系統」（BAE Systems）的支持下，由 OBRUM 公司以 CV 90120-T 型裝甲車為底盤，融合隱形設計概念為重點，於 2013 年打造出 PL-01 型隱形戰車的概念車，這種有趣的設計的確在短暫時間內吸

圖 2-5：單價高昂的德國獵豹
式自走防空砲車已在 2010 年
退役，卻在 2022 年的俄烏戰
爭中被重新啟用，並在實戰中
從烏克蘭軍方取得好口碑。
（Photo ／黃竣民）

圖 2-6：獵豹式自走防空砲車開創了防空作戰的新里程碑，該車概念後來還受到美國、日本、南韓、俄國、中國等國家群起仿效。
（Photo ／黃竣民）

引到了各國軍工企業的目光，但這種令人驚豔的隱形概念戰車卻在兩年後被取消了。然而，**讓戰車具備隱形這樣的設計概念，德國人早在1980年代中期就做過試驗**，而該款車輛就是被稱為「全面防護試驗車」（Versuchsträger Gesamtschutz，縮寫為 VTGS）的原型車。

全面防護試驗車的底盤，是以豹 Ⅰ A3 型主力戰車為基礎，但針對變速箱做了修改，並改良冷卻系統，讓車輛排放出的廢氣溫度明顯降低。而整車外型幾乎是個平整的斜面，這些覆蓋的裝甲板用以**大幅降低車輛對雷達波的反射效果**。而在護罩下的熱氣排放更低、分布更廣，讓後部發動機和廢氣熱量擴散效果大幅提升，**有效降低車輛在紅外線偵測上的信號源**。

該車輛的裝塗層採用了三色迷彩（這在當時算是很新潮的設計）。由於該車在針對提升主力戰車防護力上的試驗成效卓著，這當中所獲得的實驗成果，許多數據都被用在後來開發美洲獅步兵戰車和拳師犬裝甲車上。

2　E 系列（Entwicklung 為德語研發之意）是二戰後期欲將德國裝甲車輛設計最終標準化的計畫，卻未能實現。

3　指為戰車車長與射手各自配備一套獨立的瞄準鏡和射控系統，使射手和車長能同時搜索、跟蹤兩個獨立目標。雖然砲塔無法同時對兩個不同目標開砲，但具備獵－殲能力的戰車，能在射手完成射控計算、射擊第一個目標後，由車長按下歸正鍵，讓射手瞄準處立即與車長的獨立熱像儀吻合，重新測距後射擊第二個目標，如此反覆接戰。

4　儘管此選項後來並未被採用，但確實曾經被實驗過。

13. 政治醜聞下的劣級品：HS.30 步兵戰車

西德獲准重建後的聯邦國防軍，首批量產使用的步兵戰車即是 HS.30 型步兵戰車，由於當時的時空環境因素，這一款載具由瑞士從未有研製裝甲車輛經驗的「希斯帕諾－蘇莎」（Hispano-Suiza）公司設計，而且罕見的在原型車問世前即已批准定型，軍方編號為 SPz HS.30 並開始量產（委由 3 家工廠生產組裝）。

豹 I 的豬隊友，配備勞斯萊斯

SPz 為德文「步兵戰車」（Schützenpanzer）的軍語縮寫，本款步兵戰車還區分有長版（L）與短版（K），前者使用於裝甲部隊中的裝甲擲彈兵，型號改為 SPz 12-3，後者則裝備給偵察部隊使用，型號為 SPz 11-2。

當 HS.30 型步兵戰車開始大量撥交部隊使用後，一系列設計缺陷逐漸暴露出來，主要問題集中在動力裝置上。才 220 匹馬力（164 kW）的「勞斯萊斯」（Rolls-Royce）製 B81 Mk 80F 8 汽缸汽油引擎，對於 15 噸以上的車體顯得耗油又無力，**機動力根本差到無法跟上豹 I 型主力戰車作戰**（見第 133 頁圖 2-7）。

該型步兵戰車車頂偏右，設有一座小型砲塔，安裝一門 HS.820 型 86 倍徑的 20mm 機關砲（備彈 2,000 發），火力其實不差。正面傾斜裝甲的設計可提供 20mm 砲彈的防護，但車重比其他同型車款要重，況且只能搭載 6 名武裝士兵，還必須打開艙頂才能對外作戰。

其通風、懸吊、傳動、散熱、轉向和剎車故障事件頻傳，造成零附件消耗量暴增、維護開支費用居高不下，導致後勤部門對此款車型怨聲載道。問題的主要原因在於**希斯帕諾－蘇莎公司缺乏研製裝甲車的經驗**，以及對原型車

在測試時所暴露出的缺陷刻意忽略所致。

　　HS.30 型步兵戰車的車體裝甲由均質鋼板焊接而成，全車裝甲厚度為 30mm，車頭正面傾斜 45°，可抵禦 20mm 口徑以下的武器射擊，這樣的防護水平在當時的步兵戰車，已經算是世界一流的標準；因此車重也比美製、大量銷往世界的 M-113 裝甲車重上 4 噸。**車身高度僅 1.85 公尺，也遠低於 M-113 裝甲車的 2.5 公尺，這在戰場隱蔽性和生存性上具備更好的條件，**這也是後來底盤轉為驅逐砲車所用的有利條件之一。

　　兩側的履帶系統有 5 對採用扭力桿懸吊的路輪、3 對支輪、惰輪在前、後輪驅動、亦無浮渡能力。車內可容納 8 名乘員，包括駕駛員、車長、射手和 5 名步兵，運兵艙的空間狹窄擁擠、也無對外射擊孔的設計、搭載的步兵只能由車艙頂部的艙蓋進出（因為後置引擎所致）相當危險。儘管 HS.30 步兵戰車本身並不算成功的產品，但其擁有眾多的衍生車款（指揮車型、反坦克型、120mm 迫擊砲型、砲兵觀測型等），其底盤還是被聯邦國防軍廣泛運用。

　　雖然該型車款一列裝部隊，就掀起一場政治風暴（在德國國內被稱為「HS.30 醜聞案」），致使原訂要量產 10,680 輛的訂單，後來只生產不到 2,200 輛便草草收場。該車進入服役之後，才短短十餘年（1971 年時），就陸續被國車國造的貂鼠式步兵戰車所取代。即便如此，**一直到 1980 年代初期，HS.30（L）步兵戰車才在後備部隊中完全除役。**如果要說這款車輛還有任何殘餘價值，那就是後來其車體被移去改造成其他作戰車款（驅逐砲）了！

圖 2-7：西德陸軍重建軍備後，國造裝甲部隊的首批搭檔，就是豹 I 型主力戰車加上 HS.30 步兵戰車。（Photo ／黃竣民）

14. 除役前盛大登場：貂鼠步兵戰車

貂鼠步兵戰車的研製起始於 1960 年 1 月，正值 HS.30 型步兵戰車進入西德陸軍服役不久，該車款大量的設計缺陷暴露了出來，因此德國找來兩個大集團簽訂設計與製造履帶式步兵戰車的合約，目的是要開發一種**在未來能與豹 I 主力戰車協同作戰的步兵戰車**。

從研製樣車到測評期間，兩大集團所組成的公司還經歷了一些企業併購或重組的風波，外加一度優先要發展反坦克砲和多管火箭砲，令該車的研製工作曾一度處於停頓狀態。直到 1969 年 4 月才正式核定量產，同年 5 月正式命名為「貂鼠」步兵戰車。

貂鼠步兵戰車的車身結構，採用了焊接鋼的方式，因此在防護強度上相較於鑄造的車款更好，車體前部為動力艙（位於駕駛手右側），其傾斜裝甲可抵抗 20mm 機關砲彈貫穿。與柴油引擎搭配的是「倫克」（Renk）公司的 HSWL-194 型變速箱（4 個前進檔、4 個倒退檔）與無級液壓轉向裝置，功率透過車體後部兩側的側傳動輪往履帶。

懸吊系統採用扭力桿方式，有 6 對路輪和 3 對支輪，採前輪驅動方式。另外在第一、二、五、六路輪處裝有液壓避震器，使用迪爾公司生產、可更換履帶膠塊的履帶，散熱器則位在車體後部跳板兩側。

在貂鼠步兵戰車中，雙人式小砲是由「凱勒爾」（Keller）公司和「克納皮赫」（Knappich）公司所設計，並安裝在車身中部，車長席位於砲塔右側、射手則在左側。砲塔上安裝了 1 門外置式 MK-20 的 Rh-202 型 20mm 機砲，無火砲穩定器，該型機關砲由萊茵金屬公司生產，機砲俯仰範圍為 -17°～＋65°、水平方向可旋轉

360°、砲塔最大迴轉速度每秒 60°、火砲最大俯仰速度每秒 40°。

早期型可由 3 個不同的彈匣從左、右、上方等不同方向給彈，以便射手根據不同的目標適時送彈（備彈 1,250 發），射擊完的彈殼會自動從砲塔內拋出，不過後期已經予以簡化，不再採用如此複雜的給彈設計。

在 20mm 機砲右側還有 1 挺 MG3 同軸機槍（備彈 5,000 發）。在 1977～1979 年之間的升級案中，米蘭型反坦克導引飛彈被引進，在 A3 及 A5 型版本中成為標配，也是目前最為普遍所見的構型（見第 137 頁圖 2-9）。

1985 就造出的柴油電動複合動力戰車

值得記錄的是，**德國人很早就有在裝甲戰鬥車輛上採用複合式動力的構想**，在 1985 年時將它付諸實踐在貂鼠步兵戰車上，搭載了柴電混合動力；柴油引擎為 MTU 公司的 MB-833 Ea-500 型 6 汽缸水冷式柴油引擎，最大輸出馬力 591 匹（441kW）；搭配「磁體動力」（Magnet Motor）公司的電動馬達（輸出功率 420kW），採用 AC-DC-AC 型（交流－直流－交流電）系統，讓電動馬達與柴油引擎連接，再透過變速箱傳輸功率。

測試時的車身重量為 30 噸、最高時速可達每小時 72 公里，同時車輛在轉彎或剎車時，將安裝的電動馬達切換到柴油引擎模式的情況下，可以實施部分電力回收（充電）。本車款亦採用了電子剎車及電子差動轉向裝置。不過在當時如此先進的技術，如同許多先驅的技術一樣因**為無法普及或過於超現代，所以最後無疾而終**，直到近 40 年後的今日，電動車技術才引起各國爭相投入研發。

由於俄烏戰爭的膠著超過預期，北約陣營逐漸加大提供烏克蘭抗俄的軍援武器裝備，原本裝甲車輛還是德國不太願意提供的品項，但隨著 2023 年美國與德國達成共識，正式宣布由美國提供 50 輛 M2 布萊德雷步兵戰車、德國提供

圖 2-8：第三代貂鼠 I 型的原型車，可以看到車身兩側的半球狀射擊孔與車尾艙上部的遙控機槍，車後艙頂部安裝的 7.62mm 遙控機槍塔，直到貂鼠 I A3 型以前都還有裝配，後來才取消。（Photo ╱黃竣民）

圖 2-9：目前還是裝甲擲彈兵主力款式的貂鼠Ⅰ A3 型，砲塔旁搭載的是米蘭反坦克飛彈。（Photo ／黃竣民）

貂鼠步兵戰車,並訓練烏克蘭士兵操作這些裝甲戰鬥車款。這款服役超過半世紀的傳奇車款,雖然錯過了冷戰時要登場的舞臺,但現在恐怕將在烏克蘭戰場上,為了抗俄繼續發揮剩餘價值了!

除了步兵戰車,貂鼠優異的底盤結構,也曾經為阿根廷陸軍「中型戰車」(Tanque Argentino Mediano,縮寫為 TAM)[5]效力,而貂鼠主要的防空作戰版本,其實就是搭載羅蘭飛彈的自走防空飛彈車(見第 140 頁圖 2-10)。

羅蘭飛彈是德法軍事合作案中的雙邊技術項目,兩國在 1964 年簽署發展合約,不過由於飛彈系統的複雜性,讓研製和開發日程超乎原先預期,而且成本更高。尤其在測試之後導入電子反制系統的大量修改,讓開發時間與成本不斷增加,這也意味著會對該型飛彈銷售量造成不良影響。不斷推出改良版之後,在國際市場上的銷售才逐漸好轉。

為了安裝羅蘭 II 型防空飛彈,貂鼠步兵戰車修改了底盤。將車艙尾門封閉後,改為加大的散熱孔(因為不需要裝甲擲彈兵下車戰鬥,取而代之的是防空雷達等電子裝備運作下,更需解決的散熱問題)。防空飛彈版的貂鼠裝甲車,戰鬥重量達到 35 噸、乘員為 3 員(車長、駕駛手、射手)、最大行駛距離超過 600 公里。

車頂搭載的羅蘭飛彈,在密封容器中運送,該容器同時也是發射管,飛彈長 2.4 公尺、採固態推進裝置、重 66.5 公斤、彈頭重 6.5 公斤、射高 20 至 5,500 公尺、射程為 500 ~ 6,300 公尺、飛行速度超過 1.3 馬赫,可以採光學或雷達模式導引(**能在飛行途中切換導引模式**)。車上同時安裝脈衝都卜勒式搜索雷達以偵測目標(搜索距離 16 公里),然後透過追蹤雷達(追蹤距離 16 公里)或光學追蹤儀器追蹤。全車共攜帶 10 枚飛彈(2 枚在發射架上準備、車內存放 8 枚,可以在 10 秒內自動重新裝填上彈)。

該型自走防空飛彈車除了德國陸軍本身採購超過 140 輛外,也有將該型飛彈安裝在 6×6

或 8×8 全地形卡車上的版本，稱為「羅蘭
FRR」（Roland FRR），並提供給海軍、空軍
守護高價值目標（港口、機場等）使用，海、
空軍合計也採購了上百輛。

特別的是，包括美國也有採購羅蘭 II 型防
空飛彈給駐德美軍使用於機場防護，以取代老
舊牽引式的「波佛斯」（Bofors）40mm 高射
砲。全天候的羅蘭 II 型機動式短程地對空飛彈於
1978 年首次於德國陸軍部署，2003 年德國執行
部隊組織的調整案，取消該型飛彈的升級案，
貂鼠的防空飛彈車也在 2005 年時全數除役。

5 　該車由德國和阿根廷的工程師團隊開發，在貂鼠步兵戰
　　車的底盤上安裝一門 105mm 線膛砲。

圖 2-10：防空版本的貂鼠裝甲車，被部署給軍級的防空團使用。（Photo ／黃竣民）

15. 驅逐戰車，豬頭卻不豬隊友

二戰時期，由於納粹德國主力戰車產量不足，前線的裝甲師從未在編裝上達編（滿足編制數量）過，因此在應急措施上，才會以**生產工時較短、成本較低、結構簡單與不需要砲塔的突擊砲或驅逐砲取代**。所以說，德國裝甲部隊與兵工廠在操作與研製這一類型車款上，經驗值應該算是最豐富的。

後來，西德陸軍在 1956 年後，陸續成立了裝甲擲彈兵營、反裝甲營的「反裝甲排」（Panzerjägerzügen），其所使用的裝備是美製 M-41 型輕戰車，不過這款輕型戰車並不符合德軍的需求，即便是後來的 M-47 中型主力戰車似乎也不怎麼受到歡迎，畢竟這幾乎是屬於老舊設計下的產物。

那時的西德，就已經有研製「反坦克載具」（Panzerjagdfahrzeuge），也就是先前「驅逐戰車」的念頭了。雖然 HS-30 裝甲車實在是體弱多病，但是德國人並沒有打算要放棄這款車的底盤，畢竟在那個年代，西德的財政仍然不是很寬裕，因此重新設計反坦克驅逐戰車，也算是一種廢物利用。

即使沒有砲塔，威力仍綽綽有餘

這個反坦克驅逐戰車系列還同時走兩種設計路線，包括傳統的自走反坦克砲車和反坦克飛彈發射車。在傳統的自走反坦克砲車部分，在 1959 年一共製造出 24 輛原型車，共計有魯爾鋼鐵、「萊茵鋼鐵」（Rheinstahl）、「哈諾瑪格」（Hanomag）和「亨舍爾」（Henschel）公司參與，1963 年在「第三戰鬥部隊學校」（Kampftruppenschule Ⅲ）進行列裝部隊前的一系列測評，並於 1965 年定名為「JPz4-5 驅

逐戰車」（Kanonenjagdpanzer, JPz4-5）。從1966～1967年之間，一共生產770輛供聯邦國防軍使用。由於JPz4-5驅逐戰車沒有砲塔，其外型馬上令人聯想起二戰時期的追獵者或Ⅳ號驅逐砲車（見第144頁圖2-11）。

JPz4-5的車身是由HS-30步兵戰車改良而成，戰鬥全重為27.5噸，乘員4名（車長、射手、駕駛手和裝填手）。動力心臟換上8汽缸水冷式柴油引擎（最大輸出馬力500匹）、HSWL-123-3型液力機械式變速箱、行動裝置在每側有6對路輪、3對支輪，採後置引擎、後輪驅動方式，懸吊系統為傳統扭力桿、採用活塞彈簧加液壓避震系統，最大速度為每小時70公里，最大行駛距離400公里，**機動性比起HS-30步兵戰車已經好太多了。**

車體採用傾斜的焊接裝甲設計，正前方安裝萊茵金屬公司製造的M1966型40倍徑90mm反坦克砲（備彈51發）。該砲採用雙氣室設計、帶有抽煙裝置，除了能射擊多種彈種外，還可以射擊M-47和M-48戰車的砲彈；最大射程達2,000公尺、最大射速每分鐘12發。90mm的主砲具有左右各15°的射界、上下俯仰角度為-8°～+15°，但只能採手動調整。當時這樣的火力，在1,000公尺距離上對付T-54／55之類的戰車都仍有餘力（穿甲厚度達330mm）。

隨著反裝甲飛彈技術的提升與普及化，西德陸軍也首次將反裝甲飛彈裝備在驅逐戰車上，稱為「飛彈驅逐戰車Ⅰ型」（Raketenjagdpanzer Ⅰ），也稱為「SS-11」型飛彈驅逐戰車，並在1961年裝備部隊使用；與砲管式的JPz4-5驅逐戰車相較，外觀上較為短版（只有5對路輪的履帶行駛裝置）。

火砲威力不足？就換成飛彈續命

飛彈驅逐戰車Ⅰ型的車重只有13噸重，在動力上搭載勞斯萊斯B81Mk 80F型8汽缸汽油引擎、最大輸出馬力235匹、最大時速每小時51公里，機動力明顯與改良過動力心臟的

JPz4-5 驅逐戰車有差距。在職司反裝甲的任務上配備了 2 組法國製的 SS-11 型反坦克導引飛彈發射器，用以取代傳統的火砲，但同一時間只會有一座飛彈發射器在外部，因為另一組飛彈發射器要在第一座準備好發射時，被收回車內重新裝填。

而每一輛飛彈驅逐戰車 I 型都攜帶了 10 枚導引飛彈，該型飛彈採用線導方式，機組人員在發射飛彈後，得透過一個小型的潛望鏡持續控制飛彈直到命中目標。**理論上，它具有摧毀 10 輛敵軍戰車的能力，但是在實戰中非常令人質疑**，不過後來也沒有機會驗證了。

當飛彈驅逐戰車 I 型服役後沒多久，德軍就已經在研製「飛彈驅逐戰車 II 型」（Raketenjagdpanzer II）了。原型車的開發從 1963 年持續到 1965 年，並且從 1966～1968 年間量產超過 300 輛，陸續於 1967～1982 年進入聯邦國防軍中服役，作為「反裝甲部隊」（Panzerjägertruppe）的替代裝備（裝甲擲彈

兵旅的反裝甲連配備 8 輛、裝甲旅的反裝甲連則有 13 輛，見第 145 頁圖 2-12）。

由於車體已經不同，車重增為 23 噸、動力改以搭載 MTU 製的 MB-837Aa 型 8 缸水冷式多燃料柴油引擎、最大輸出馬力 500 匹、最高時速達到每小時 70 公里，機動性能明顯較前一型有所提升。車內配置可升降的 SS-11 型反坦克導引飛彈發射架（全車備彈提高為 14 枚），該型飛彈長 1.2 公尺、重 29.9 公斤，尾端裝有固態火箭加力器與推進器，最大飛行速度每小時 360 公里，最大射程 3,500 公尺，穿甲能力為厚 600mm 的滾軋均質裝甲。

飛彈飛行至目標至少需要 20 秒，配備多種彈頭可以對付戰車或堅固陣地。車上兩組發射架的作戰範圍達 180°，該車的作戰任務設定在 1.5 至 3 公里的距離內與敵軍戰車接戰，因為在這範圍內，敵軍戰車砲的射程和精準度與 SS-11 型飛彈相比之下將屈於下風。

從 1978 年至 1982 年間，西德陸軍後續將

圖 2-11：具有濃烈二戰風格的 JPz4-5 驅逐戰車，採用外裝玻璃鋼材質的「豬頭」造型砲盾依舊吸睛。（Photo ／黃竣民）

圖 2-12：西德從 1978 年開始至 1982 年間，有 316 輛飛彈驅逐戰車 II 型升級，主要增加了附加裝甲和新型導引飛彈系統。圖為捷豹 II 型飛彈驅逐戰車。（Photo ／黃竣民）

316 輛飛彈驅逐戰車 II 型升級，主要增加了裝甲和新型導引飛彈系統，並被重新命名為「捷豹 I」（Jaguar I）型飛彈驅逐戰車，亦稱為「飛彈驅逐戰車 III 型」（RakJPz III）。用新式的「霍特」（HOT）型反坦克導引飛彈，取代了先前的 SS-11，此型飛彈的射程提高到 4,000 公尺，穿甲能力為 800～900mm 的滾軋均質裝甲，全車備彈也提高到 20 枚。

由於飛彈的速度超過每小時 800 公里，擊中目標的時間縮減為 17 秒，其他動力與懸吊系統則維持不變。車頭右側和上部有 1 挺 7.62mm 機槍以擔任輔助性武器（備彈 3,200 發），另外還有 8 枚 76mm 的煙幕榴彈發射器置於尾部。

隨著前蘇聯開始裝備防護力更強的 T-64 和 T-72 主力戰車，JPz4-5 型驅逐戰車所搭載的 90mm 反坦克砲，其威力已經不足以和 125mm 口徑的俄系主力戰車抗衡，所以從 1978 年開始，廠商原本計畫將主砲換成穿甲性能更好的 L7 型 105mm 線膛砲，甚至也有安裝 120mm 口徑戰車砲的構想，不過這只存在於設計圖紙階段，並未被付諸實現。

然而與其將車輛報廢，還不如將其用到極致，所以有超過 160 輛的 JPz4-5 型驅逐戰車被移除主砲改裝，升級配備了 BGM-71 型的「拖 I」（TOW I）式反坦克導引飛彈（1989 年升級使用「拖 II」〔TOW II〕式飛彈），配有 AN／TAS-4 型夜視儀器，並被重新命名為「捷豹 II」（Jaguar II）型飛彈驅逐戰車。

捷豹 II 型飛彈驅逐戰車車頂升起的潛望鏡觀瞄儀器與飛彈發射架，看起來與先前所使用的 SS-11、霍特型導引飛彈不同。全車共攜帶 12 枚飛彈、飛彈發射架的水平射界為左、右各 30°、俯仰角度 -10°～ +15°，穿甲能力為 800～1,000mm 的滾軋均質裝甲。外型與捷豹 I 型飛彈驅逐戰車類似，一樣裝配有附加模組裝甲，但僅有裝填手所使用的 1 挺 MG3 型 7.62mm 防空機槍以供自衛。**而拖式飛彈的發射器也可以彈性拆卸，轉移至車輛旁的陣地使用。**

雖然第二次世界大戰的經驗顯示，在經費不足與短時間要大量生產的情況下，採用不需要砲塔、固定式火砲的裝甲車，一樣能扛起反坦克防禦作戰的重任。因此在早期德國聯邦國防軍的陸軍組織架構中，這樣的思維與建軍規畫依舊執行的有聲有色。

不過隨著戰車技術的發展越來越高端，豹II戰車的 120mm 滑膛砲最慢能在 3.5 秒內命中目標，加上現代戰車的穩定系統，讓戰車的首發命中率大大提高，外加**一枚砲彈的單價僅約 3,000 歐元（視彈種而定），即便射手首發沒有命中目標，迅速補打一發幾乎就可以搞定。**

對比之下，諸如使用米蘭飛彈這一類線導操控的反坦克導引飛彈，射手得不斷修正射彈飛行軌跡，直到命中目標（幸運的話），命中率在實戰的檢驗後，似乎也沒有那麼高；畢竟射手幾乎有 20 秒的時間要非常專注於這樣的操作，此時間內的行車、目標移動或天氣等諸多變化因素，**可能都會讓一枚造價約 2 萬～ 2.5 萬**

歐元的飛彈就此報銷。

也由於這種類型的部隊養護效費比日益失去價值，因此注定在現代部隊的編組上退出舞臺。在諸多不利的作戰因素與政治情勢趨緩下，德國陸軍最終在第 8 次陸軍組織架構中（2005 ～ 2010 年實施），決定於 2006 年全面裁撤反裝甲（驅逐砲）部隊！

16. 又小又強！鼬鼠I空降戰車

說到空降戰車，除了前蘇聯時期的傘兵部隊大規模運用外，作為北約為數不多的武裝部隊之一，西德在裝備其空降部隊時也一直仰賴能運載武器的車輛，為該部隊提供高度機動力，增強對機械化和裝甲部隊突擊的協同作戰能力，以及有效對抗華約裝甲部隊的優勢。

空降戰車的研製構想源自於 1969 年，在 1970 年的建軍規畫中被納入計畫，其初期戰鬥重量被要求在 6～7.5 噸之間，特點是小巧靈活、具有空中運輸能力，適合北約運輸機運輸，**並可以透過空投方式，抵達所需戰場。**

後來軍工廠雖然研製出原型車，但由於缺乏資金，西德軍方不得不在 1978 年暫停該研發項目，後來考量當時華約地面部隊的龐大戰車數量，對於當時西德的空降部隊而言，在行動上可能會備感壓力，一直拖到 1985 年才下訂三百

多輛這一款命運多舛的鼬鼠I型空降戰車。

身形雖嬌小，火力卻沒在跟你客氣

在這一批訂單中，有將近三分之二裝備美國「雷神」（Raytheon）公司生產的拖式導引反坦克飛彈、另外約三分之一則裝備「庫卡」（KUKA）工廠設計的 E6-II-A1 型單人砲塔，並安裝一門 Rh202 型 20mm 機砲的火力支援版本，搭配使用蔡司 PERI Z-16 型潛望瞄準鏡和夜視儀器（見第 149 頁圖 2-13）。

鼬鼠I空降戰車搭載了「奧迪」（Audi）直列五缸 2.1 升的渦輪增壓柴油引擎，車重 2.75 噸，最大馬力 86 匹，最高速度可達每小時 70 公里、最大行駛距離 200 公里。

鼬鼠I型空降戰車所裝配的 20mm 機砲，砲塔的水平迴旋可左右各旋轉 110°，但仍需車

圖 2-13：鼬鼠 I 型空降戰車的反坦克版本，搭載拖式飛彈後，反裝甲戰鬥力並不差勁。（Photo ／黃竣民）

長以人力操作，有效射程 2,000 公尺、最大射程 7,000 公尺，能夠在 1,000 公尺外貫穿輕型裝甲車，並具備雙鏈進彈系統（可使用不同的彈種），左側的彈藥箱容量 60 發，右側彈藥箱容量 100 發，連同車內備彈，全車共攜帶 400 發的機砲砲彈，火力不容小覷。

而搭載反裝甲飛彈的版本，車內編制 3 名（駕駛、車長與裝填手），裝置一具拖式飛彈發射器（全車最大備彈 8 枚），含一具雙眼瞄準儀，飛彈發射器的水平迴旋範圍是左右各 45°、垂直俯仰範圍為 +10°～ -10°，射程約 4 公里。

自從 1974 年拖式飛彈被引進德國陸軍後，逐步取代了最早期安裝在「蒙加」（MUNGA）全地形車上的 106mm 無後座力砲。在歷經 40 年的操作後，這一款小巧可愛、機動靈活的鼬鼠 I 型空降戰車，**已成為目前僅剩唯一還配備拖式飛彈系統的車輛。**

1990 年代德國空降部隊大量使用這一款麻雀雖小，五臟俱全的空降戰車，最初僅有傘兵營的「重型連」（Schwere Kompanie）使用，後來第一空降師麾下新組建的反坦克營也大量裝備[6]。不過隨著德國再度統一，第一空降師於 1994 年走入歷史，當空降部隊縮編後，鼬鼠 I 型空降戰車也被輕裝步兵（Jäger）和山岳獵兵（Gebirgsjäger）部隊的重型連使用[7]，以提升整體火力與部署彈性。

尤其是統一後的德國逐漸擴大參與國際間的維和事務，而體積小、部署靈活的鼬鼠型空降戰車，便成為德軍裝備中最容易部署的一款戰鬥載具，它就時常陪著傘兵部隊成為執行海外維和行動的裝備。

6　除了營部和支援連外，另下轄 4 個反坦克連，全營共有 24 輛裝配 Mk-20 機砲和 37 輛拖式反裝甲飛彈版的鼬鼠 I 型空降戰車。

7　在德國陸軍中，「步兵」（Infanterie）中包括了傘兵（Fallschirmjäger）、輕裝步兵與山岳獵兵。

第 3 章

未能量產問世，
測試款「概念車」

從 1960 年代開始至德國統一、冷戰結束，西德在這段期間其實也有多款測試（VT）[1] 車款出現，其中有些車款長得宛如科幻卡通中的武器，也具有創新概念，有些則生不逢時。

無論如何，這些目前多半只能躺在博物館中被當作收藏品的車款，已經快成為歷史洪流中消逝的一頁，很難得有這個機會能夠在中文出版品中讓它們露臉，使軍事讀者與歷史研究者們知道他們曾經存在過。儘管這些武器從未列裝過部隊，或有機會實際上戰場好好表現一番。

為了拍攝這些當年研製的多款測試性裝甲車，筆者先前曾獲德國聯邦國防軍裝備、資訊科技與運用辦公室許可，親赴科布倫茲（Koblenz）的軍備蒐集辦公室攝影取材，並受到館長羅爾夫・維特根（Rolf Writgen）博士及其辦公室同仁的大力協助，才得以順利一睹眾多測試車款的內部設施。

圖 3-1：我在德國沃姆斯軍備蒐集辦公室，與館長維特根博士贈書時合影。（Photo ／黃竣民）

1　VT：德文 Versuchsträger 的縮寫，意思是測試載臺（Test-beds）或實驗性載具。

17. 唯一一輛 SP I. C. 偵察型戰車

　　西德的裝甲偵察部隊，一開始雖然使用美製的 M41 輕戰車，但是基於二戰時期累積的經驗與教訓，他們知道必須也讓這類輕快型的裝甲車輛，在執行偵察任務時同時具備反坦克作戰所需的火力，如二戰期間的 Sd.Kfz. 234 ／ 2

圖 3-2：SP I. C. 偵察型戰車的底盤，以短版 HS.30 型履帶式裝甲車的車體為基礎，在上面安裝了一門 90mm 砲的砲塔，十足有著小車扛大砲的不協調外型。（Photo ／黃竣民）

型「美洲獅」（Puma）8×8 的裝甲偵察車一般。

　　因此為了強化陸軍偵察部隊在反坦克作戰上的能力，才有研製「SP I. C.」（Spähpanzer SP I. C.）偵察型戰車（見圖 3-2）的構想。但是以打從 1956 年設計以來，原本的設計圖紙預計將有兩種款式，不過到了 1961 年，PT-2 的原型車才剛完成而已，該研製計畫就不再繼續執行，**所以實際上這一款車型只建造出唯一的一輛。**

　　SP I. C. 偵察型戰車底盤採用「霍奇科斯」（Hotchkiss）生產的短版 HS.30 車體，戰鬥重量僅 6.5 噸、車組成員 3 名、搭載「霍奇科斯－布蘭德特」（Hotchkiss-Brandt）公司的 6 汽缸四衝程汽油引擎，最大輸出 195 匹馬力、排氣量為 4,978c.c.、引擎推重比為每噸 30 匹馬力、最高時速為每小時 58 公里，油箱為 270 公升（另

有 85 公升攜行備用）、裝甲最薄處為 8mm、最厚處為 15mm。

懸吊方式為扭力桿，搭配 5 對路輪、3 對支輪，採用前置引擎、前輪驅動方式，履帶接地壓力為每平方公分 0.68 公斤。

小車扛大砲，並不總是得到德國的青睞

而在它的小砲塔上，卻安裝了一門砲管長 2 公尺、由比利時「梅卡」（Mercar）公司所生產的 90mm 輕型反坦克砲。該砲使用穿甲彈時，砲口初速為每秒 630 公尺、最大射程為 3,500 公尺，但有效距離為 1,000 公尺、穿甲能力為 350mm。

當使用人員殺傷彈時，砲口初速為每秒 338 公尺、最大射程為 4,200 公尺、對人員的致命殺傷半徑為 50 公尺，全車備彈 18 發。

由於在這麼小的砲塔空間內，得容納車長（兼主砲射手的瞄準）和裝填手（兼機槍手）作業，實在得不到官兵好評。

儘管後來也推出搭載自動裝填系統的雙人砲塔（Zweimannturm）版本，不過在進行測試之後，終究還是因為產生嚴重缺陷不得不叫停。

由於 SP I. C. 偵察型戰車的性能無法令人滿意，所以在 1962 年，這款偵察型戰車很快就被放棄。或許當時這樣的設計邏輯並不是很對德軍的口味，反觀法國在戰後卻一直在輪式、履帶式裝甲車上，推出類似這種「小車扛大砲」的產品，並做出了口碑。

18. 德美合作但不歡而散，KPz-70 主力戰車

1960 年代，前蘇聯在戰車科技上取得一系列的領先技術，雖其主力仍是數量龐大的 T-54 ／ 55 戰車，但已有可靠情報指出，蘇聯配備著自動裝彈機的新型戰車（指的是 T-64 和較陽春版的 T-72 戰車）已接近完工，迫使當時的美國與西德在各有所需的情況下，出現合作研製主力戰車的計畫。

不過這兩個國家的戰車設計理念，怎麼有可能一拍即合呢？因此本案即便共同磨合了數年之久，還是因為許多理念不同與經費不堪負荷（**每輛車的成本從 100 萬美元，飆升到近 650 萬美元**），最終導致這款結合當時許多創新科技的主力戰車沒能量產。

德國與美國接著也就各玩各的，分別推出自己的主力戰車款式，也就是後來的豹 II 與 M-1 艾布蘭戰車。而這一款當時曾經被寄予厚望的 KPz-70 型戰車（美國稱為 MBT-70 型），兩國一共製造了 14 輛原型車（兩國的版本有些許不同之處），但多數已被報廢，僅存的少數幾輛只能躺在博物館中讓人觀賞（見第 156 頁圖 3-3）。

豹 II、艾布蘭的前身，乍看性能優秀無比

KPz-70 戰車的動力，分別採用了美造的「大陸」（Continental）廠 AVCR-1100 型 V 型 12 汽缸柴油引擎（1,470PS）和德造的戴姆勒・賓士；後來換成 MTU 製的 MB-873 Ka-500 型柴油引擎（1,500PS），兩者輸出功率差不多。

不過當時的西德有其他戰略物資可能短缺的憂慮，因此在引擎部件上有其他的考量，不僅改為多燃油引擎以利戰時能適合更多種油料加注，維持作戰能量。更特別的是，西德 KPz-

圖 3-3：雖然美國、德國在戰車設計史上都有過失敗前例，但最著名的一次，就是聯合研製 KPz-70 型戰車。（Photo ／黃竣民）

70 戰車的引擎可以和柴電火車引擎互換零件，而且在維修機具準備妥當的情況下，20 分鐘之內就能完成調換作業。這樣的軍備設計邏輯，一直在德軍中沿用。

雖然 KPz-70 戰車個頭不小，但是在機動力的表現上十分令人激賞！引擎推重比為每噸 29.7 匹馬力，極速高達每小時 72 公里；不但**比當時美軍的 M-60 巴頓戰車還要快**，在加速度方面，憑藉著液壓懸吊系統、大扭力與大馬力的柴油引擎推動下，**加速力道比 M-60 巴頓戰車足足快上 3 倍**；而且在 10 公里距離的越野實測表現上，也只用了 M-60 戰車的三分之一時間，其優異的越野性能幾乎完勝所有同時期對手。

為了降低車身高度避免遭敵發現（M-60 戰車的教訓），KPz-70 採用了當時相當先進且複雜的液壓懸吊系統，讓車身可以隨著地形地物變化，採取更佳隱蔽姿態。讓這輛噸位與體型龐大的戰車，車身高度幾乎回到二戰時期的突擊砲標準（液壓懸吊降至最低時車高為 1.99 公尺、一般正常的車身高度為 2.29 公尺、液壓懸吊在最大舉升時則為 2.53 公尺），如此功能的主力戰車，一般多只有在「日本陸上自衛隊」（JGSDF）的戰車才容易見到。

KPz-70 戰車的防護力說是超越當代也不為過，它的戰鬥艙內壁採用了防火材質、彈藥儲放區設有防火抗炸的閘門，連內部的電子系統，也考量到當時普遍會遭受到戰術性核子武器攻擊的狀況，所以採用可以抗「電磁脈衝」（Electro-Magnetic Pulse，縮寫為 EMP）的產品。車身本體結構使用了間隙裝甲，以對抗威脅戰車的成型裝藥彈頭（步兵用的 RPG 火箭筒、反坦克導引飛彈等）。

此外在裝甲隔層中，還加入了一層防爆破片的襯墊（厚達兩公分，具抗輻射性的材料），這樣的防護等級在當時可說是絕無僅有。其砲塔材質則採用「雙硬度鋼材」，或稱為高性能裝甲（由 9％鎳和 4％鈷採真空電熔製成），硬度超過 500 HB，雖然厚度不超過 40mm，但硬

度足以讓鎢芯穿甲彈失效。

KPz-70 戰車的主要武裝，搭載了一門 XM-150E5 型 43.5 倍徑的 152mm 線膛砲，主砲的俯仰範圍從 -9°～+20°，該砲特色在於除了能射擊傳統的砲彈外，**還具備了砲射導引反坦克飛彈的功能**，這也是西方國家中較早採用此種功能的戰車砲款式。

該型火砲採用中初速的設計（砲口初速約為每秒 600～750 公尺），所以彈丸的飛行速度較一般穿甲彈慢、彈道曲線也較高。即便如此，因為裝藥量遠高於現行所有戰車砲彈，因此破壞力相當可觀，同時期的戰車裝甲根本無法與之為敵。

由於 152mm 的戰車砲彈重量較重，已超過一般裝填手的負荷（一般最大上限為 25 公斤），因此本車採用了自動裝填系統，讓車組人員減為 3 名。全車一共備彈 46 發（美國版為 48 發），含自動裝彈機內所裝填的 26 發，另有 8 枚當時新研發的 MGM-51 型「橡樹棍」（Shillelagh）

式反坦克導引飛彈[2]，採用紅外線連結（類似電視遙控器）模式，射程為 2,000～3,000 公尺，使該型戰車也具備遠距離反裝甲作戰的能力。

集尖端科技於一身，卻是反人性爛設計

雖然車組人員因自動裝填系統減為 3 人，但射手的任務卻不減反增，因為要操作火砲與砲射導引飛彈（當時的導引飛彈技術尚未成熟，發射後得持續用紅外線導控著飛彈直至命中目標為止，**否則飛彈在這 20 秒的飛行過程中，很可能會失效，4,000 美元就報銷了**）。

KPz-70 戰車的次武裝也相當驚人，搭配一門採用自動裝彈，而且是可以升降、收納進入砲塔內的 MK-20 型 20mm 機關砲（備彈 660 發），具有俯仰角 −15°～+65° 的射擊範圍，用於對付飛機和輕型裝甲車。而砲塔的另一個特殊設計之處，就是射手也有自己獨立進出的艙蓋，就不知道這算不算某種「禮遇」了！

KPz-70 戰車的另一位苦主則是駕駛手，因

圖 3-4：集結諸多尖端科技於一身的產品，結局通常都不太理想，這款德美共同研製的 KPz-70 戰車即是一例。（Photo ／黃竣民）

為它一反傳統沒有獨立的駕駛艙設計，而是硬生生和其他車組人員塞進大砲塔裡各自分工，這樣的新潮設計不但沒有獲得好評，反而衍生出更多問題，讓駕駛手避之唯恐不及。**這樣的爛設計，也為它獲得了「旋轉咖啡杯」的惡名。**

從 KPz-70 戰車開始，西方戰車在砲塔上的觀瞄儀器種類與尺寸越來越多，整座砲塔幾乎快變成類似潛艦帆罩部位上一根根不同功能的管狀物，顏值自然就高不到哪裡去。重點是，車上所有的光學儀器，都具有可切換的電動除冰系統，對於夜間戰鬥的設計也傾注了許多心血，其搭載的紅外線夜視光源燈箱，也是「德律風根」（AEG-Telefunken）公司的 XSW-30-U 型紅外線／畫光射擊照明燈，款式和豹 I 型主力戰車上的相同。

當時德國人擁有研製戰車的知識和經驗，美國人擁有龐大的資源，因此雙方才會有共同研製下一代主力戰車的想法。這不僅是一種新武器，事實上，或許也將成為一個賺大錢的機會，因為一旦研製成功後，德國將會是第一個採購此款新主力戰車的國家，並帶動其他北約國家跟進。不過在種種失敗與財力不堪負荷下，最終以失敗告吹。

KPz-70 戰車的研製案一共建造了 14 輛原型車（6 輛 KPz-70 和 6 輛 MBT-70，以及兩輛用於測試的樣車），**全項目耗費超過 3 億美元，遠較初期預估的 8,000 萬美元高出太多，最後落得血本無歸。**德國於 1969 年退出 KPz-70 主力戰車的開發案，但後來也將在 KPz-70 戰車所蒐集的經驗，轉用於豹 II 戰車的開發和豹 I 戰車的持續升級，也算是沒有白繳學費了！

2　這款飛彈後來也裝配在 M-551「謝里登」（Sheridan）空降戰車，和 M-60A2 型巴頓戰車上使用。

19. 科幻味十足，雙主砲 VT 1-2 戰車

1972 年，當時西德的聯邦國防科技和採購辦公室（Bundesamt für Wehrtechnik und Beschaffung，縮寫為 BWB）與「基爾機械製造廠」（Maschinenbau Kiel GmbH，縮寫為 MaK）簽署了一份合約，開發一種具備雙砲管載臺的實驗性車款。

該款戰車研發的基本概念，就是在戰鬥中以火力、機動性和生存能力對付潛在核汙染地形條件下，具有數量優勢的對手，所以這輛戰車的最終呈現，不僅配備了革命性的技術，也有未來派的科幻外型。

該車款分別製造了 VT 1-1 型（雙管 105mm 線膛砲，採用人力裝填、乘員 4 名）和 VT 1-2 型（雙管 120mm 滑膛砲，採用自動裝彈系統、乘員 3 名）的原型車，並於 1972 年～1985 年間有過一系列的研發與測評。例如德國軍方就曾在 1975 年秋季，將 VT 1-2 戰車與豹 II 型主力戰車，於蒙斯特的「第 2 戰鬥部隊學校」（Kampftruppenschule 2）中共同投入測試評估。

測試結果證明，**VT 1-2 戰車相較之下並沒有較為獨特的優勢**，因此這樣的戰鬥車輛在後續並未得到軍方青睞，研發計畫於是終止。探究其主要原因，是雙主砲、無砲塔的主力戰車雖然在技術上可行，但是**其戰術價值及實用性差**，最終成為這款戰車的最大罩門。

身掛兩組主砲，究竟有何優勢？

回顧 1975 年製造的 VT 1-2 型戰車，其車身尺碼（長 9.13 公尺、寬 3.54 公尺、高 2.52 公尺）比 VT 1-1 型戰車稍大，側面也幾乎簡化為垂直型的裝甲設計。

它搭載 MTU 製的 MB-803 Ra-500 型 12 汽缸渦輪增壓柴油引擎、輸出馬力 1,500 匹（可長時間連續運轉），必要時最大輸出馬力可提升至 2,175 匹、推重比為每噸 34.5 ～ 50 匹馬力（當時研製的豹 II 戰車，引擎推重比只有每噸 27 匹馬力），最高時速每小時 70 公里（倒車車速可達每小時 40 公里），完全具備驅逐戰車的動力表現。

由於沿用先前突擊砲車身低矮的優點，加上**雙砲管採左、右配置的方式，因此在車側防護力上被迫得做出折衷**，僅能盡量強化車身正面的裝甲。

而在履帶的懸吊部分，是採用較先進且複雜的液壓氣動力懸吊系統，驅動方式採後輪驅動，搭載 HSWL 型變速箱（4 個前進檔、2 個倒退檔），車身距離地面高 45 公分，以 43.5 噸的車重來看，接地壓力為每平方公分 9 牛頓。由於使用液壓氣動力懸吊系統的裝置（可升降 32 公分），讓整體路輪與底盤顯得十分複雜。（見下頁圖 3-5）。

威力大、射速高，但仍只是門突擊砲

相較於 VT 1-1 型搭載英國版 L7A3 型 105mm 的線膛砲，也保留了裝填手的編制，VT 1-2 型戰車則採用了萊茵金屬苦心研製而成的 120mm 滑膛砲，搭配自動裝填系統（6 發彈匣），所以取消了裝填手的席位。當時會使用兩門戰車砲的設計，緣起於想取得較高的擊殺率，因此該車能選擇單砲射擊或是雙砲齊射同一目標，理論上這樣應該可以增加首發命中的機會。畢竟在追瞄一個目標時，第一發如果未命中，可以迅速補射擊第二發；或是雙砲齊射，一次確保更高的命中率。

該車的自動裝填系統可以提供火砲每分鐘 10 ～ 12 發的射速，只要射手瞄準目標的速度夠快，自動裝彈機也能保持在如此高的射速下運作。**但當初安裝兩門主砲的預期用途，可說在測試階段就已經落入「理想脫離現實」的窘態了。**

由於沒有砲塔，雖然可以靠車身履帶水平轉動 360°（車輛最大轉向速度為每秒 60°），但車裝火砲的高度極低（離地僅 1.875 公尺高），雖然很難遭敵偵測，但火砲的俯仰角度僅為 -10°～ +15° 而已，火砲調整的速度最快為每秒 10°。

這就得歸咎於設計人員依舊想沿用二戰時突擊砲的戰術，因此駕駛得採用 Z 型戰術，藉著不斷改變行駛方向的模式，也就是所謂的「戰術搖擺」（Taktische Wedelfahrt），讓敵軍戰車難以瞄準，降低遭敵砲命中的機會。

圖 3-5：VT 1-2 型戰車的外型簡直是突擊砲的科幻版，不過這樣的戰車設計概念在測試階段時，就已被宣告胎死腹中。（Photo ／黃竣民）

20. 設計太超前，VTS-1 無砲塔戰車

如果舉俄羅斯最新的 T-14 阿瑪塔型主力戰車做比較，**這種無人砲塔戰車的概念，其實早在三十多年前就在德國被成功實驗過**，這也是筆者在訪談德軍裝甲兵中，他們對於 T-14 戰車並沒有感到很新奇的原因（見第 166 頁圖 3-6）！

多數人可能比較熟悉德國和美國的主力戰車合製案（KPz-70），但其實英德兩國在 1972 年也曾有過共同開發下一款主力戰車的計畫，也就是代號為「未來主力戰車」（FMBT）的合作案。不過在當時的背景下，雖然兩國就聯合開發的主力戰車規格已取得共識，但換裝時間表的分歧，還是讓這個合作案最後以破局收場。

英國後來遂於 1978 年 9 月正式自行開發 MBT-80，不過 MBT-80 最終因為整體性能不如「挑戰者 I」（Challenger I）型戰車，從此被打入冷宮。然而當時英國「皇家兵工廠」所生產的這門 L7A3 型 105mm 線膛砲，倒是在全球使用者間獲得好口碑，在 Rh-120-mm／L44 滑膛砲尚未普及之前，它幾乎就是西方主力戰車的標準配備，因此連德國研製這一款無人砲塔戰車時，也毫無懸念的繼續採用。

有噱頭，沒賣點

這款 VTS-1 型無人砲塔的戰車構思，在當時是一項大膽創新的設計，儘管德國人在研製突擊砲方面的經驗已經非常老到，它卻絲毫不像同時期的測試戰車。它是以貂鼠式步兵戰車底盤改造，動力系統採用 MTU-833 Ea-500 型 6 汽缸的柴油引擎、最大輸出馬力為 600 匹（440kW），在轉速每分鐘 2,200 轉時釋放、推重比為每噸 21.3 匹馬力、懸吊系統採扭力桿與減震器結合截錐形彈簧避震，最高時速為每小

時 75 公里、最大行駛距離 320 公里，配備 400 公升的油箱。

在 VTS-1 型戰車車頂上安裝的 L7A3 型 105mm 線膛砲，足以抗衡蘇聯配備 100mm 口徑主砲的 T-54 型戰車，行進間的射擊穩定性已相當完整。設置在砲閂下方的觀瞄儀器，相當獨特，也因此無法達到環景的觀測。不僅如此，該車乘員的座位配置也有經過調整，砲管正下方為駕駛手的艙室，火砲左、右邊則分別為射手與車長艙，在原底盤上的車頭斜面原有包含駕駛手使用的兩個艙口，在此封閉而不再被使用。

而原本裝甲擲彈兵乘員的艙室，則移作為自動裝填機構與 105mm 彈藥的存放區。值得特別注意的是射手席位，這可不像是傳統戰車內部設計，因為射手總是車上唯一呼吸不到新鮮空氣的成員（此為戲謔語，因為戰車一般鮮少會為射手設計獨立艙蓋），而且還會時不時被車長腳踹！相較之下，VTS-1 型戰車上的射手反而擁有獨立且平行的艙室空間，射擊握把也

是後續戰車所採用的類 H 型握把。

雖然諸如 VTS-1 型戰車這種造型獨特的戰車充滿話題性，在當時軍備開發百家爭鳴的黃金年代中，新的設計可能會有噱頭，但不見得代表著訂單。或許，無人砲塔會是未來的潮流，但是以當時的戰車科技背景，這款 VTS-1 型戰車因為**造價昂貴，整體性能又沒能超越豹 II 戰車，因此也就只是曇花一現！**

圖 3-6：比起俄羅斯現代的 T-14 戰車，VTS-1 型無人砲塔戰車的推出比它還早了三十多年。（Photo ／黃竣民）

21. 世上僅一輛，Z-30 自走防空砲車

1963 年，Z-30 型自走防空砲車這款以當時的 HS.30 型步兵戰車底盤為基礎修改，搭配雙管 30mm 防空機砲而成，但僅僅時隔一年，整個案子就遭到終止，所以在世上僅有一輛原型車存在。

圖 3-7：壽命極為短暫的 Z-30 型自走防空砲車，在西德軍備研發史上出現的時間，恐怕連曇花一現都不如！（Photo／黃竣民）

Z-30 型自走防空砲車的車身設計，駕駛手的配置在車身左前方，艙蓋為向右上開式，只有在駕駛手的艙蓋前方設有 3 座潛望式觀測窗。車身中段為向上排放的各個散熱孔，最後才是車身尾段上方的十角多邊形小砲塔，**射控雷達為全自動追瞄，採射後不理模式。**

在 Z-30 型自走防空砲車的左車身，可以看出與 HS.30 型步兵戰車底盤不同的地方。除了同是採用 5 對路輪、3 對支輪的設計，驅動輪與惰輪的排列上則相反，懸吊系統的部分也有一些修改。由於車身重量不到 22 噸，並搭載了 600 匹馬力輸出的引擎，因此在機動力方面上的表現相當不錯。

安裝在其砲塔上的，是 HS-831L 型雙管 30mm 機關砲，實際上就是同公司 KAD 20 mm 機砲的放大版，該砲具有相同的操作原理，採

用瓦斯推進、彈鏈給彈方式、是一款全自動的無座力機砲。每一管射速為每分鐘 650 發、砲口初速為每秒 1,080 公尺、射程 3,000 公尺，能射擊 30×170mm 規格的彈藥。

其主要使用的彈種及單價，在此也一併提供讀者參考：每箱的彈藥容納 36 發、重 43 公斤，其中脫殼穿甲彈每箱 375 美元、尾翼穩定脫殼穿甲彈每箱 413 美元、輔助效果穿甲彈（APSE）每箱 300 美元、高爆彈每箱 270 美元。在砲塔的左／右側設有圓形的拋殼孔，砲塔前方的弧狀物，即為火控雷達的保護罩，另外在十角多邊形的砲塔後方，亦設有一個左右對開式的艙門，以利彈藥補給時使用。

一般自走防空砲車**因搭載較多雷達系統，因此車內電子裝備需要更多的散熱裝置**，而若以 Z-30 型自走防空砲車的構型來看，頂多只能算一款過渡的試驗品了。

戰後，西德聯邦國防軍的防空砲兵學校於 1956 年在倫茨堡（Rendsborg）成立，之後歷經幾次的更銜與軍種管轄權的更迭，陸軍最終於 2012 年撤銷防空部隊這一支兵種（見圖 3-8），將防空任務全部移交給空軍處理。

而當時防空砲兵學校所使用的教學裝備及收藏品，目前也移至「基爾海軍軍械庫」（Marinearsenal Kiel）存放，並依照二戰、西德，和東德的主題，分別儲放在不同的倉庫內。而這種不開放的私房博物館，其實有心的軍迷們也可以透過預約申請進入參觀。

圖 3-8：德國陸軍防空部隊的徽章，以跪射瞄準天空姿態的弓箭手為其主題，但這背後其實有一個悲傷的故事，該防砲團於 1943 年初慘烈的史達林格勒戰役中，幾乎被全滅。（Photo／Wikimedia Commons 公有領域）

22. 獵豹前身：鬥牛士 30 自走防空砲車

考量到華沙公約組織擁有大量戰鬥轟炸機與直升機威脅，以及裝甲部隊機動時的防空作戰能力。德國陸軍在 1960 年代，基於對防空部隊的建設提出了一種新型自走式防空砲車的需求，替換當時在陸軍服役的美造 M-42 清道夫型自走防砲車，並建立本身裝備國造的目標。

西德先前雖然也有以 HS.30 步兵戰車底盤所研製的 Z-30 型自走防空砲車，但該案很快便被捨棄，於是在 1965 年分別委託萊茵金屬公司和瑞士「康崔維斯」（Contraves）公司研製兩輛原型車，配備雙管 30mm 機砲，並裝配「西門子」（Siemens）的監視雷達和德律風根射控電子設備，具備全天候的射擊能力，這就是後來被稱之為「鬥牛士 30」（MATADOR 30）ZLA 的自走式防空砲車（見下頁圖 3-9）。

康崔維斯公司自己製造了 3 輛原型車，並

稱為 5PZF-A 型自走式防空砲車。後來經過一系列測評後，德國決定採用後者的產品，並加以改良後稱為 5PZF-B 型自走式防空砲車，再度測試後才決標入選，這也才是後來的獵豹式自走防空砲車。

設計過關，但敗在沒預見未來

鬥牛士 30 自走式防空砲車的全名，其實是「豹式底盤搭配都卜勒雷達和雙管 30mm 機砲的全天候機動式自走低空飛行器防禦系統」（Mobiles Allwetter-Tiefflieger Abwehrsystem mit Doppler-Radar und 30mm-Zwillingskanone auf Fahrgestell Leopard Autonom），取其德文字母的縮寫，才變成「MATADOR 30 ZLA」。

這個外型看起來，似乎和後來德國推出的

圖 3-9：這一輛編號 PT-301 的鬥牛士 30 自走防空砲原型車，已成為絕響。（Photo ／黃竣民）

獵豹式自走防空砲車有幾分神似，因為鬥牛士 30 自走式防砲車也採用豹 I 的車體和底盤，**砲塔改為一座帶有雙管 30mm 機砲的大型全迴旋式砲塔**。雖然萊茵金屬公司在 1968 年也研製出了鬥牛士 30 的原型車，不過該車在 1970 年就被終止了（耗資 1.88 億馬克的開發成本，在當時的計畫中並不常見）。

鬥牛士 30 自走式防空砲車以豹 I 戰車的底盤為基礎。由於搭載了防空雷達與對空機砲，因此車重超過 42 噸，甚至比豹 I 型主力戰車更重，在引擎型號與懸吊結構都相同的情況下，機動力雖然會減弱一些，不過這在隨著裝甲部隊推進時，尚不會造成影響。

而在弧形半圓的砲塔上，圓狀的鼓起物即為都卜勒的搜索雷達，在其左右各裝配一門 MK HS-831 型的 30mm 機砲。該機砲作動的俯仰角度範圍從 -10°～ +85°、射速為每管每分鐘 650 發、彈丸初速為每秒 1,080 公尺、備彈 1,000 發。

或許搭載 30mm 機砲，本身就是鬥牛士 30

最大的敗筆，因為它延續了先前使用 Z-30 型自走式防空砲車的火力配系，而沒有意識到未來火力需求將只增不減的趨勢，雖然 30mm 機砲的射速快、備彈量多，但當時的對手——5PZF-A 型自走防空砲車可是配有口徑 35mm 的機砲！

別小看這兩者口徑只差了 5mm，在射程、彈丸重量、穿透力和爆炸效果等各方面，就有明顯的差距。只能說鬥牛士 30 自走式防空砲車沒能預見未來，因此也就與後續發展無緣了。

23. 輪型突擊砲的再度嘗試：RKW-90 八輪突擊砲

德國在輪型軍用裝甲車的研製上，雖然很早就取得了一定的技術與運用經驗，如二戰時期大量生產過 4×4 輕型裝甲車（Leichter Panzerspähwagen）的 Sdkfz. 221／222／223 系列、六輪或八輪重型裝甲車（Schwerer Panzerspähwagen）的 Sdkfz. 231、Sdkfz. 232 系列等。

不過重建軍備後的西德聯邦國防軍，除了研製偵察型的輕型輪式裝甲車輛，如：「山貓」（Luchs）8×8 偵察車、狐式 6×6 運輸裝甲車外，並未認真考慮過研製一款重量超過 20 噸的輪型裝甲車。一直到 1980 年代中期以前，聯邦國防軍都沒有考慮過研製輪型突擊砲車款，後來德國的軍工設計師才終於認真計畫，研製一款重量超過 20 噸的輪型裝甲車輛。

最終由戴姆勒・賓士公司，在 1986 年獲得德國國防部經費資助，啟動了名為「EXF」（Experimentalfahrzeug）的計畫。在該計畫中，賓士公司將按照模組化的原則，研發 4×4 ～ 10×10 的多款輪式裝甲車，噸位從 16 ～ 40 噸不等，**最終目標是要形成一個龐大的家族系列。**

對於 EXF 項目，該公司可謂是信心滿滿，因為先前陸軍的山貓 8×8 輪式裝甲偵察車就是出自他們之手。為了盡快拿出成果，公司決定從最熟悉的 8×8 輪式車輛下手。就這樣在 1986 年底，第一輛 EXF 樣車便已組裝完畢，並被命名為「RKW-90」（Radkampfwagen 90），該車也隨即投入到測試作業中。

當時還有另一家公司並沒有獲得政府研發經費援助，卻也自掏腰包，大膽的投入研製輪式裝甲車的計畫，那就是「蒂森・亨舍爾」（Thyssen Henschl）公司，他們提出了 TH200

／400／800 輪式裝甲車家族的研發項目，結果卻賠得血本無歸。

因兩德統一而無法問世

EXF-90 式 8×8 輪型裝甲車採用新型懸吊系統，它具有堅固的叉形桿（A 臂）和一個上控制臂，其避震結構採用螺旋彈簧和同軸油氣液壓彈簧構成避震（避震效果約可達 50 公分）；螺旋彈簧的簡易性與高可靠性，讓該車具有避震性佳、負載能力強等優點，後來也被法國的 VBCI 輪型步兵戰車所採用。

EXF-90 式 8×8 輪型裝甲車配備了「中央胎壓監視系統」（CTS），方便調整輪胎壓力適應地面條件、改善越野能力，並搭載 17.5-R25 XL 型防爆輪胎（或稱失壓續跑胎），輪胎是聯邦德國國防部委由知名輪胎大廠——「馬牌」（Continental）輪胎公司研發，該公司為了軍事的特殊需求，**於 1969 年首次推出了具有延長應急行駛能力的特殊輪胎**。

RKW-90 式輪型裝甲車（見下頁圖 3-10）車體採用焊接裝甲結構，車體前部為駕駛艙，駕駛手席位於前部左側、中間為戰鬥艙、尾部為動力艙。根據公司公布的資料，該車動力艙還可以前移至車前右側的預留空間，這也是駕駛手席位並未配置在車前正中央位置的原因。其楔形的車首造型尺寸雖然不小（長 7.1 公尺、高 2.16 公尺、車寬 2.98 公尺），但**拜當時優異的轉向系統所賜，該車的迴轉半徑意外的好**（2 軸轉向時為 23 公尺、4 軸轉向時為 12 公尺）。

雖然 RKW-90 型裝甲車名義上是輪式裝甲車，但它的外型卻與當時的豹 I 型主力戰車十分相似，因為**其採用了跟豹 I A3 戰車一樣的 105mm 線膛砲砲塔**，不過也有預留裝置 120mm 滑膛砲的構想。

該車的戰鬥全重為 32 公噸、推重比每噸 26 匹馬力（每噸 19.1kW）、離地間隙 45.5 公分、爬坡力 60％、最高時速每小時 100 公里、油箱容量 300 公升、乘員 4 名、發動機用

圖 3-10：RKW-90 式 8×8 輪型裝甲車，為德國在戰後所研製的首款輪型突擊砲（該砲塔搭載的是偽砲，只是在測試時配重使用），也成了絕響。（Photo ／黃竣民）

戴姆勒‧賓士 OM 444LA 型 12 汽缸四衝程渦輪增壓水冷式柴油引擎、最大輸出馬力 830 匹（610kW）、排氣量 21,931c.c.、並採用手動變速箱，搭配 HS-226 型行星齒輪變速箱（具有 6 個前進檔、1 個後退檔）。由於車重因素，所以它並沒有像先前的輪型偵察裝甲車設計，裝備兩棲浮游的推進裝置。

由於研製 RKW-90 裝甲車的時機點不佳，儘管它在後續的測評中展現出優異性能和高度穩定性，整體測試結果也符合國防軍期望，並毫無懸念的將它列入 1990 年代初期裝備採購計畫清單中；**但是該車在研製成功後，兩德毫無預警的統一，讓華約組織一一崩解！德國現在迫切要對付的，是東德地區蕭條已久的經濟，而不是那些俄系坦克了！**

當東、西德統一之後，社會氛圍驟變，連德國本身的組織編裝也一再調整，不僅許多單位被解編，想要添購新裝備更是難上加難，RKW-90 裝甲車便是其中之一。加上當時整體防務技術和市場客觀形勢不斷惡化，各國均在冷戰結束後大量削減軍備與軍費支出，向國外輸出軍火的高峰期已過，於是這一款戰後研製的輪型突擊砲，只能說是生不逢時。

雖然該車的試驗項目在 1990 年代便被終止，但反觀今日在全球 8×8 輪式裝甲車界中的一哥——拳師犬 8×8 裝甲車，就從這輛車款上獲得許多的經驗與教訓，或許可以說，這也算是另類的「借屍還魂」了？

24. 這隻貂鼠太大、太重了

貂鼠 II 步兵戰車的開發，主要可以追溯到 1980 年代，西德軍方意識到貂鼠 I 步兵戰車很快就會面臨新的挑戰，當時俄系的 BMP-2 型步兵戰車已大量服役，而全新設計的 BMP-3 型步兵戰車，也在 1986 年推出原型車。由於上述相對性裝備的威脅增加，經過長時間討論後，西德最終在 80 年代中期決定為貂鼠 I 型步兵戰車的繼任款重新招標。

該標案也與「主力戰車 90」（Kampfwagen 90）的項目綁定，因此對貂鼠 II 型步兵戰車提出了四大要求：至少能搭載 7 名裝甲擲彈兵、能與豹 II 戰車協同作戰、車上搭載主要武裝的有效射程須達 2,000 公尺以上、車體主要部分需能抗擊 30mm 機砲。

為了彌補貂鼠 I 型步兵戰車和豹 II 型主力戰車之間戰鬥力和機動性上的差距，由克勞斯·瑪菲公司操刀設計的貂鼠 II 型步兵戰車，車前的左半部為動力艙，裝置了 MTU 廠製的 881 Ka-500 型 8 汽缸四衝程柴油引擎，最大輸出馬力 1,000 匹（735kW），**這幾乎是步兵戰車中最高性能的引擎。**

儘管該車的重量超過 44 噸，最大速度也能達到每小時 60 公里（倒車速度每小時 27 公里），引擎室側面也可見大面積的梯形散熱格柵（見第 178 頁圖 3-11）。

該車採用前置引擎、前輪驅動方式，搭配扭力桿懸吊結構，每側有 6 個路輪，地面壓力為每平方公分 8.8 牛頓。引擎動力傳輸，則是透過 HSWL-284-C2 型變速箱，其具有 4 個前進檔和 2 個倒車檔。為了簡化後勤維修作業，貂鼠 II 型步兵戰車上有許多驅動零件，基本上都可以和豹式主力戰車系列共用。

太大、太重、太貴了……

防護力經過強化的貂鼠 II 型步兵戰車，車側與砲塔裝甲採用模組化設計，可由車身本身的複合式裝甲再附加裝甲塊組成。車體是貧鈾裝甲（Chobham armour）材質，具備同級車款中較高的防護力（裸車可全方位抵抗 7.62mm 口徑子彈和 155mm 砲彈的破片）、附加裝甲板則增加了車前抗擊 14.5mm 重機槍和 30mm 機砲的能力；傾斜的正面裝甲，則據稱可以承受 120 ～ 125mm 彈丸的威力，裝甲防護力更優於現代許多款主力戰車。

當車輛受到砲擊時，車身防破片材質對乘員的保護也被列入考量；此外在原子生化武器防護系統上，也具備在汙染地形中作戰的能力。

在主要武裝部分，貂鼠 II 型步兵戰車安裝了萊茵金屬公司新開發的 TS-503 型雙人砲塔，機砲的俯仰角度為 -10° ～ +45°、射速範圍為每分鐘 150 ～ 500 發，可使用 35mm、50mm 兩種口徑的機砲，砲管和彈匣更換容易，只需要短短幾分鐘就可以換成另一種口徑（見第 179 頁圖 3-12）。

雖然 50mm 機砲的砲彈威力明顯更強大（使用 50×335mm 標準彈藥），但 35mm 口徑的機砲（使用 35mm×228mm 標準彈藥）則可攜帶更多彈藥（兩者備彈分別為 110 發、177 發）。兩款機砲均可射擊以下類型彈藥：50mm 翼穩脫殼曳光穿甲彈、50mm HE-EFT-T（曳光可程式化高爆彈）、35mm 翼穩脫殼曳光穿甲彈、HE-EFT（可程式化高爆彈）。

使用這種多用途彈藥，能夠碰炸（觸地引爆）或在距離地面 5 ～ 10 公尺的高度引爆，增加對步兵的殺傷力。除此之外，還配備了 PARS-3MR 反坦克飛彈發射器，具有雷射導引和串聯式高爆彈頭。射手使用 PERI-ZTWL 128／45 型瞄準具，該系統整合了雷射測距儀、日／夜觀測儀和熱顯像設備。車長擁有獨立的 PERI-RT 60 型環景潛望式觀測儀，可以透過螢幕與射手共享熱像儀資訊；而車長也設有射控

圖 3-11：貂鼠 II 型步兵戰車雖然被和平的大環境淹沒，但後繼車款似乎仍未從它的經驗學到教訓。（Photo ／黃竣民）

握把，可以執行超越射擊。以當時的技術水準，貂鼠 II 型步兵戰車的觀測與射控系統，絕對堪稱是同級中最先進的。

貂鼠 II 型步兵戰車一共只建造了兩輛原型車（VT-001 和 VT-002），它們在 1992 年運至蒙斯特的訓練場，在那裡裝甲兵的兵監對它們做了廣泛測試，但最後得到的結論卻是：「太重、太大、太貴了……。」

雖然它是一輛具備了尖端科技與全天候作戰能力的步兵戰車，也是**被當時公認是世上最現代化的步兵戰車**，其命運卻隨著後來德國統一而生變，德國國防部因此決定將此案無限期擱置。更淒涼的是，VT-002 原型車於 2009 年被出售並拆解，僅剩 VT-001 原型車被保留下來，目前收藏在科布倫茲的軍備蒐集辦公室中。

圖 3-12：即使火力、馬力和防護皆大幅升級，號稱最現代化的貂鼠 II 步兵戰車卻無緣投入量產。（Photo ／黃竣民）

第 4 章

戰車如何主宰陸戰？
—— 一戰時至二戰前

雖然戰車最初由英國人開發，並在 1916 年秋天時率先將其投入「索姆河戰役」（Battle of the Somme），不過透過最初這幾場實戰下來的綜合表現，不僅盟軍顯示對於如何運用這樣的武器仍處在摸索階段，更導致戰果不如預期，但也讓長期處於壕溝戰的官兵們，對於這一項武器有了新的希望。

英軍戰場小試驗，德軍心底大陰影

當時前線的德軍官兵目睹了戰車在戰場上橫衝直撞的身影，並在毫無準備或首次上陣的步兵們心理烙下揮之不去的陰影，部隊士氣因此受到打擊，但也讓德軍在某種程度上，決定認真考慮跟進研發這一類新武器。

於是在同年 9 月，德國陸軍正式成立第七交通運輸處（Allgemeines Kriegsdepartement, 7 Abteilung, Verkehrswesen），由該部門負責蒐集有關盟軍戰車的所有情報，研擬反坦克戰術，並為後續國造戰車的設備和規格制訂標

準。根據這些規格，第一份研製計畫由後備役的上尉軍官兼工程師：約瑟夫·傅美爾（Joseph Vollmer）操刀，先前他已參與過軍用卡車的設計與研發。

其實，德軍高層最初對於是否研發戰車也產生過疑慮，儘管英國和法國陸續透過實戰經驗，不斷改進戰車在各方面的性能和設計，但由於技術不成熟與高故障率，盟軍戰車在突破彈坑遍布的無人區時依舊充滿困難。

即使到了 1917 年，德國最高指揮部仍然認為盟軍的戰車並非堅不可摧或天下無敵，部隊還是可以透過配發的特殊步槍子彈和大砲，採直接或間接射擊的方式來擊毀它；再加上 1918 年德軍還成功的以「突擊隊」（Sturmtruppen）戰術展開春季攻勢，因此認為裝備手榴彈、小型武器和火焰噴射器的步兵班，仍是突破敵軍防線的通用法則。

正是多數軍方高層抱持的傳統戰術觀念，變相降低了德國對研製戰車的迫切性。

被明令禁止的事項，轉入地下進行

在輸掉第一次世界大戰後，德意志帝國內部幾乎處於政治和經濟的完全混亂。《凡爾賽條約》簽署後，德國被迫放棄部分領土，並得向盟軍支付巨額的戰爭賠款，其重要的萊茵蘭（Rhineland）經濟區更被置於比利時、法國和英國的控制之下。

後來德國人在威瑪（Weimarer）舉行了一次新的制憲會議，目的是建立一個新的民主國家，即為日後短暫存在的「威瑪共和國」（Weimarer Republik，1919～1933 年）。

然而新政府從一開始就飽受政治內亂、經濟危機、通貨膨脹、極端主義和軍事政變等困擾。而新的威瑪共和國，也在軍隊總員額上受到嚴格限制，**規模上限只有 10 萬人**；重點是，《凡爾賽條約》還明令禁止德國開發新的軍事技術，包括飛機或戰車。

不過這些並沒有阻止德國在高度保密的情況下，於國內外進行此類軍事項目的研發工作。

只能說，即使不考慮條約限制，以大戰後幾年德國政經形勢如此混亂的狀態下，他們也無力超越當時戰勝國戰車的水平，這恐怕算是不幸中的大幸。

一直到 1920 年代後期，德國整體情況已步入穩定正常化，才有心思開始研製戰車。於是，陸軍的官員提出研發兩種戰車設計的要求，這些最終演變成配備 37mm 主砲的「輕型拖拉機」（Leichttraktor）和配備 75mm 主砲的「大型拖拉機」（Grosstraktor）。

然而，這些軍工廠商雖然接受委託，但當時他們仍然缺乏設計和製造此類車輛的相關經驗與技術知識，因此也被迫得摸著石頭過河，透過反覆實驗，從中累積經驗。

戰車的成功，絕非只靠先進的技術

所幸，當時的蘇聯人也在朝發展自己的戰車努力，因此德國和蘇聯軍隊在這個共同的基礎上，開展了祕密合作計畫，直到希特勒上臺後

才終止了兩國戰車開發的項目。雖然後來證實，不管是輕型拖拉機或大型拖拉機的結果均不盡理想，整體性能不僅不可靠，設計更背離實用性，但它們依舊讓德國的工程師們獲得有關戰車設計的寶貴經驗和知識，並為後來裝甲車輛研發開拓了坦途。

除了在硬體技術上的進步，不得不說德國人在運用戰車的思維也有另類的走向，如果德國當初也跟其他國家一樣，**僅將戰車當作支援步兵的武器看待，或許也就不會有二戰開戰初期的偉大勝利了**。

只能說，德軍一些裝甲先驅們的努力與創新，剛好搭上了希特勒的順風車，也得到了元首更多的關愛與支持。就這樣遮遮掩掩的進行十幾年，這期間研製的戰車都只能以奇怪的名稱作為掩飾。

直到 1935 年 3 月，納粹德國政府正式決定撕毀《凡爾賽條約》後，這些裝甲車輛才沒有必要繼續隱瞞，得以用真面目向世人公開。

25. 德意志帝國不甘願的起步：A7V 裝甲突擊車

第一次世界大戰時，英國戰車首度在索姆河戰役中登場，雖然投入的數量稀少（僅 60 輛），且因行動緩慢、戰術運用不佳、妥善率差等因素，以致真正的戰果不甚明顯。

隨著英、法兩國戰車生產數量迅速增加，與戰場運用經驗的累積，在 1917 年康布雷戰役時，**英、法聯軍集中數百輛戰車，終於一舉突破德軍防線**，並讓後續的防禦一再崩潰，這才讓戰車的戰場價值正式浮現，後來也才有了「陸戰之王」的稱號。這些事件，也間接在德國催生出新一代的戰車戰術運用學派，並在短短 20 年後，讓這些開發出戰車的始祖國們，體會到它的戰場威力。

回顧當時西線僵持數年的戰場，初期受到索姆河會戰影響，在經過英軍鋼鐵巨獸陸續蹂躪的震撼教育後，德意志帝國最終靠著擄獲的英軍戰車，並經過約一年時間，才研製出第一款「A7V 裝甲突擊車」（Sturmpanzerwagen A7V，見第 187 頁圖 4-1）。

僅有 20 輛、比行軍還慢的戰車濫觴

定名為 A7V，乃因當時德軍的參謀本部是向「第七交通運輸處」提出技術規格要求而設計。A7V 裝甲突擊車的火力強大，整車火力系統編成為「1 砲加 6 槍」，車頭裝置一門射角受限（左右各 25°）的 57mm 速射砲（由比利時製），初期的備彈為 180 發（採用霰彈、穿甲彈和高爆彈，比例各為 90：54：36 發，到了戰爭後期則攜帶高達 300 發主砲的彈藥），6 挺 7.92mm 重機槍（左右兩側、車身後方各 2 挺），備彈 36,000 發；車內還準備了 1 挺輕機槍，於下車戰鬥時使用，其綜合火力優於英國當時的主

力馬克Ⅰ型（Mark Ⅰ）戰車和Ⅳ型（Mark Ⅳ）戰車。

車側搭載的MG08型「馬克沁」（Maxim）機槍，每挺機槍皆為兩名士兵為一組操作。在一戰時期，機槍還是壕溝戰的主力殺傷兵器，直到戰車出現，其地位才轉為輔助性武器。該型戰車內除了固定武裝外，還考量到一旦因戰損而需下車作戰的情況，所以在車體左、右各有一個出入用的大艙門，並攜帶了輕機槍1挺、K-98步槍6挺、手榴彈與P-08「魯格」（Luger）手槍等，以便下車戰鬥使用，儼然有另類「步兵戰車」的做法考量。

A7V裝甲突擊車龐大的身軀（戰鬥重量超過30噸，見第188頁圖4-2）、梯型的外觀設計與當時英軍主要的菱形戰車外型不同，卻也打破了世界上戰車編制乘員數最多的紀錄，該車的基本乘員人數為18名；不過另有一些權威性的資料也有16～26名的說法（因當時戰車內的人數並不固定所致，例如通信兵和信鴿兵也會在內，有時也能充當運兵車使用），官方說法則是23人。

在受限制的車艙內部空間中並沒有明確的隔間，發動機設計的位置處於車體正中央，使得戰車運轉時除了散發著機械噪音外，還夾雜著有毒煙霧。當時車艙內的機械噪音和戰場上砲彈爆炸的聲響，使得車內的接戰指揮有一定難度，**因此德軍在車內裝置了簡易的射擊指示燈──僅有「注意」（Achtung）與「射擊」（Feuer）兩種燈號**，並由車長下達後，交給各武裝射手們自行決定目標射擊。儘管當時的科技相對簡陋，但就目標接戰的程序而言，德軍在這方面的觀念似乎還是相當領先。

在機動力上，A7V裝甲突擊車安裝了兩具中置「戴姆勒」4缸汽油引擎，總輸出馬力為200匹（147kW），**最高時速約為每小時15公里，越野僅每小時5公里**，這樣的表現其實不算差，且搭配了24輪獨立彈簧的懸吊系統，在舒適性上更是優於時下的英製戰車。

圖 4-1：A7V 裝甲突擊車高聳的車身設計與不適合野戰的懸吊系統，讓德國第一款自製戰車的表現不如預期。（Photo ／黃竣民）

圖 4-2：1918 年 4 月 1 日，德軍在阿圖瓦（Artois）春季攻勢期間的 A7V 裝甲突擊車，德國對於戰車的研製與認識，實在比當時對手緩慢。（Photo ／ Wikimedia Commons 公有領域）

不過 A7V 的越野能力不佳、重心過高，容易在陡坡上行駛時卡住或傾覆，且車身離地太低（僅 20 公分），意味著越壕或在泥濘地通行時的困難度大增，**反而失去了讓它在戰場上橫行的原意**。外加高聳的車身，讓戰車駕駛員的視野極受限制（會產生約 10 公尺左右的盲區），易遭致敵軍伏擊。

說實話，德軍開發的 A7V，**開起來的速度甚至比步兵行軍還慢**，導致前線官兵依舊得仰賴他們的反坦克戰術和突擊小隊。

在防護力上，A7V 裝甲突擊車相較於同時期的英製戰車具有更厚的裝甲保護（正面 30mm、側面 15mm、頂部 6mm、底部 10mm）。但其裝甲較薄的下腹部和頂部，甚至無法抵抗碎片手榴彈的威力，奈何這也是因為生產成本，才讓車體使用普通鋼而不是複合鋼材，多少降低了實際的裝甲防護力。

還得附帶說明一下，該車並未實現「標準化」，雖然軍方下訂了 100 輛，但每一輛車皆為手工打造，而且都有獨特功能；製造品質雖然良好，卻也代表著生產成本相對更高。

A7V 裝甲突擊車真正投入戰場的數量極為有限（總共也才不過生產 20 輛，並編成兩個突擊戰車隊），甚至還比不過使用擄獲自英國的馬克 IV 型戰車。

相較於英國人在一戰中生產超過 2,500 輛各型戰車、法國人生產三千多輛的「雷諾 FT」（Renault FT）輕型戰車，**德國人這一點點的裝甲突擊力量，幾乎微弱到可以被盟軍忽略不計**。

但即便如此，這一批 A7V 還是被編進了 1918 年的「皇帝會戰」（Kaiserschlacht）作戰序列中，不過當時的德意志帝國並沒有一套理論，或戰術運用的原則可依循（同時期的英、法軍也僅在摸索階段），因此整體而言，德軍的 A7V 裝甲突擊車表現並不會令人感到驚豔（見下頁圖 4-3）。

圖 4-3：A7V 裝甲突擊車是參與人類史上第一場戰車對戰車作戰的車款，而且如果認真以戰果計算，或許還小勝英軍。（Photo ／黃竣民）

史上第一次戰車接戰

值得一提的是，史上第一次戰車對戰的戲碼還是上演了。1918 年 4 月 24 日在維萊布勒托訥（Villers-Bretonneux）的遭遇戰，A7V 裝甲突擊車首度與英軍裝甲部隊硬碰硬，雖然雙方的數量都很少（3 對 3），卻也**開啟了戰車主要任務——消滅敵軍戰車——的新紀元**。

當天從凌晨 3 點 45 分開始，德軍就對該地發動猛烈砲擊，企圖驅逐占領村落的英國和澳大利亞軍隊，英軍的一個馬克Ⅳ型戰車排（包括 1 輛同時搭載火炮與機槍的「雄性」坦克〔Male tank〕和兩輛僅配有機槍的「雌性」戰車〔Female tank〕）發現德軍的 A7V 戰車，雙方展開互射之後，英軍摧毀一輛 A7V，但本身兩輛雌性戰車受損。

後來友軍幾輛「惠比特犬」（Whippet）輕戰車也趕來助陣，雄性戰車則持續追擊另外兩輛 A7V，最終將德軍逼退。英軍的反擊也在德軍的砲火下停滯，該輛雄性戰車受損且遭車組人員棄置在戰場上。

現今唯一一輛 A7V 裝甲突擊車的真品，被存放於布里斯本（Brisbane）的澳大利亞戰爭紀念館（The Australian War Memorial）中，該車為戰術編號第 506 車的「邪靈」號（Mephisto）[1]，是於 1918 年 4 月 24 日，被德軍遺棄在維萊布勒托訥戰場上的少數 A7V 裝甲突擊車之一。而存放於蒙斯特德國戰車博物館內的「奧丁」號（Wotan）A7V 裝甲突擊車，則是複刻原屬編制在「第二突擊戰車隊」（Sturm-Panzer-Kraftwagen-Abteilung Nr. 2）的第 563 號車。

德國人在複製這輛歷史性車款上的態度，正如同「德國製造」一絲不苟的工作精神，從 1987 年 10 月展開到 1990 年 5 月完成，期間的細項分配均由各大知名公司參與，包括：萊茵金屬、保時捷、迪爾、庫卡、基爾機械製造廠、戴姆勒・賓士、「蒂森機械工程」（Thyssen Maschinenbau）、「腓特烈港齒輪

廠」（Zahnradfabrik Friedrichshafen，縮寫為ZF）、「伊維科」（IVECO）等公司合作，才讓這輛車重現，並讓後人得以一窺德國在戰車技術上的演進。

而複刻 A7V 裝甲突擊車的委員會祕書，卡爾－西奧·施萊歇爾（Karl-Theo Schleicher）退役上校，曾在筆者撰寫《鋼鐵傳奇二部曲：德國戰車寫真 1956- 今日》期間，以資深德國裝甲兵的身分（曾在裝甲兵訓練學校擔任處長一職長達 7 年），在德國科隆（Köln）的會談後提供許多資料，並解答我的疑問。只可惜，他在 2022 年 11 月下旬因腦腫瘤離世，令人感到惋惜，在此只能以本書向他致上敬意！

A7V 裝甲突擊車象徵著德國裝甲部隊的起步，其所代表的意義非凡，雖然沒有在性能上「超英趕法」，卻是讓後續德國「鋼鐵傳奇」得以蓬勃發展的重要代表之一，因為它可是整個一戰期間，唯一投入實戰的德國製戰車。而在 100 年後，德國聯邦國防軍的豹 II 型主力戰車，也剛好升級改良到豹 II A7V 型，這或許也是一種另類的巧合？

圖 4-4：寫作期間，我曾與前德國陸軍副總長烏芙爾退役中將（中）和施萊歇爾退役上校（左）會談，會後一起於地標科隆大教堂前合影留念。（Photo ／黃竣民）

1　由於數量稀少，所有的 A7V 裝甲突擊車都由其車組人員命名。

圖 4-5：一輛由英國戰車博物館複製的 A7V 戰車，該輛實車的暱稱是「施努克」（Schnuck），它於 1918 年 8 月 31 日在弗雷米古（Fremicourt）的戰鬥中遭友軍誤擊而被遺棄，之後被紐西蘭軍擄獲，隔年將其贈予英國的「帝國戰爭博物館」（IWM），但在 1922 年時遭到報廢，只保留其主砲作為展覽品。（Photo／Wikimedia Commons by Alan Wilson）

26. 酷似英國惠比特犬，LK II 輕型戰車

除了 A7V 裝甲突擊車以外，當時的德意志帝國也有其他款式戰車的研發計畫，不過在一戰終戰前，始終未有像樣的進度足以支持前線作戰。**當時德軍的戰車部隊多半是擄獲自英、法軍的戰車在充場面**，情況其實有點諷刺。

A7V 太笨重，於是打造輕型戰車

而在一次世界大戰終戰之前，德國還開發出了另一款「LK」（Leichte Kampfwagen）輕型戰車，但整體外型設計與原創的 A7V 裝甲突擊車相較，有明顯的不同之處。LK I 輕型戰車僅完成了兩輛原型車（軍方下訂了 800 輛），便遭到淘汰。而修改後的 LK II 輕型戰車也一樣只完成了兩輛樣車，直到戰爭結束前只完成 10 輛裝配（訂單則有 580 輛），**這一批戰車還沒有機會運到戰場上接受戰火洗禮，戰爭就已經**結束了（見下頁圖 4-6）。

由於 LK 輕型戰車的外型酷似英軍的惠比特犬輕型戰車，因此不免令人懷疑德國人抄襲了英國人的設計理念，但對於這樣的質疑，其實一直沒有正式的文獻作為佐證。

而設計 LK 輕型戰車的設計師，還是先前設計 A7V 裝甲突擊車的同一人——約瑟夫·傅美爾，由於他對 A7V 裝甲突擊車緩慢與笨重的性能感到失望，便轉而發展輕型戰車，為了在短時間達到量產的目的，最快的辦法就是運用現有的發動機、傳動裝置和其他機械部件。

德國陸軍的「最高統帥部」（Oberste Heeresleitung，簡稱 OHL）在 1917 年 9 月就批准了輕型戰車的研究計畫，但即便盟軍在 1916 年時已將戰車投入西線戰場超過一年，德國高層仍未將生產戰車列為優先事項，德軍官

兵雖然目睹了盟軍的戰車攻勢，但也都被大砲跟滿布泥濘的深彈坑給擋下；因此他們才一直認為，現有的作戰資源就足以抵擋戰車推進。

直到 1917 年 11 月 20 日的康布雷戰役之後，德軍的觀念才產生變化，因為這一次盟軍所發動的攻擊模式，不再是以往將戰車零星投入各段戰線，而是**改以大規模集中，並搭配飛機和火砲的聯合作戰型態，在一天內便取得了實質性進展**。盟軍的戰果與德軍防線的崩潰態勢這

才震驚到了德軍高層。

剛上生產線，一戰便落幕

雖然戰車設計師意識到，需要一款更敏捷的輕型戰車來扮演騎兵的角色，但在短時間內所製造出的 LK Ⅰ 輕型戰車底盤，在 1918 年 3 月的實驗狀況並不理想（同一個月，英國惠比特犬輕型戰車已正式投入戰鬥），所謂的高速也僅能達到每小時 18 公里；而在安裝上部結構和砲塔後，最高速度更下降到每小時 16 公里，履帶也不夠寬（僅 14 公分）。設計師接著馬上致力於第二款設計，也就是後來的 LK Ⅱ 輕型戰車，它採用了 25 公分寬的履帶與更厚的裝甲，但也因此增加了重量。

雖然隨後在 1918 年 6 月時，設計團隊在「克虜伯測試場」（Krupp proving ground）向德國最高統帥部作戰處派出的代表——馬克斯・鮑爾（Max Bauer）中校展示了 LK Ⅰ 輕型戰車原型車的性能，但 LK Ⅱ 的原型車也已在同一個月完

圖 4-6：配備了一門 57mm 砲的輕型戰車原型車，車頭正面明顯的散熱格柵不足以讓發動機散熱，後來再次修改。（Photo／Bundesarchiv）

成。在次月的會議中，因為整體戰況逐漸失利，軍方選擇跳過 LK Ⅰ 輕型戰車，直接下訂 670 輛 LK Ⅱ 輕型戰車，並在 1919 年 6 月 30 日前將訂單增加到 2,000 輛，甚至在 1919 年 12 月前另外追加 2,000 輛；這使得 LK Ⅱ 輕型戰車的訂單總數達到 4,000 輛，一度有機會創下德造戰車產量的新紀錄。

只可惜，第一輛 LK Ⅱ 輕型戰車**直到 1918 年 10 月 10 日才下生產線，沒想到在次月（11 月）第一次世界大戰便結束了**，而那些滿手的訂單旋即遭到取消，**實際下生產線的 LK Ⅱ 輕型戰車不過也才二十幾輛而已**，根本就沒有上戰場跟敵軍搏殺的機會。

一戰之後的德國，因為《凡爾賽條約》中複雜且嚴格的限制，使得德國的「國家防衛軍」（Reichswehr）總兵力被**限縮至不得超過 10 萬人**，最多只被戰勝國允許編制 7 個步兵師和 3 個騎兵師的兵力，被視為是萬惡戰爭機構的參謀本部也被撤銷，並不得生產或儲存化學兵器、戰車、軍用飛機、潛艦等武器。戰後，依照和平條約規定，德國只得將戰機、潛艦、戰車等武器成品予以銷毀或報廢。

德國不能自用的「賓士」，外銷唄

但是德國人並不甘心如此就範，便偷偷將 LK Ⅱ 的部分部件藏了起來，後來以 20 萬瑞典克朗的價格，祕密出售 10 輛給瑞典政府。當時瑞典駐柏林的軍官向德國遞交了一份報告，希望為瑞典陸軍裝備戰車，但英國的重型戰車並不適合瑞典地形，而且惠比特犬輕型戰車的報價太高，超過瑞典軍方預算所能負擔，因此轉而向德國尋求替代款式的方案[2]（見下頁圖 4-7）。

德國的 LK Ⅱ 輕型戰車儘管是從 LK Ⅰ 型改進而成，整體布局卻沒有多大的改變，尤其是外型的大傾角設計，與當時其他戰車結構明顯不同，不認真看的話，還很容易將車頭、車尾誤認。它的設計大致遵循了當時典型的汽車布局，也就是前置引擎、前輪驅動的方式，駕

圖 4-7：這一輛 LK II 輕型戰車其實是瑞典版的 Stridsvagnm ／ 21-29 戰車，其在 1993 年運抵德國蒙斯特的戰車博物館，顯見德、瑞兩國在戰車合作上，其實有長久且深厚的淵源。（Photo ／黃竣民）

駛艙位於車身後段，並採用戴姆勒汽車底盤和現有的路輪與履帶系統。

該車戰鬥重量為 8.5 噸，乘員 3 名，動力裝置採用戴姆勒‧賓士的 4 汽缸汽油引擎，最大輸出馬力 55 匹（44kW），排氣管置於車身左側後部，最高速度為每小時 16 公里，行駛距離為 65 公里。

德國人後續也幫瑞典軍方的這一批戰車改良，還增裝了一個小砲塔，以搭載 1 門 37mm 砲或 1 挺重機槍，乘員數增加為 4 人。值得一提的是，**當時德國人就在車上裝置了無線電通信機，成為世界上最早裝置無線電的戰車**。在 1929 年，當時還官拜少校，後來被稱為德國「裝甲兵之父」的古德林，在參訪瑞典斯德哥爾摩（Stockholm）附近「哥塔禁衛軍」（Göta Leibgarde）的戰車營時，曾親自駕駛其中一輛瑞典版 LK II 輕型戰車；而瑞典的這批輕戰車一直服役到 1938 年。

LK II 輕型戰車的開發思路，是希望能**借助其較高的速度衝破敵軍防線的突破口**（當時戰車速度通常不超過每小時 10 公里），因此並未搭載較重型的火砲（雖然設計初期也有裝配克虜伯 37mm 砲或是 57mm 砲的構想，卻因戰爭結束而未執行），反而在砲塔上裝置了 2 挺機槍。這意味著它並不適合從事裝甲車之間硬碰硬的戰鬥，倒是著眼於**以高速衝破敵軍戰壕陣地後，消滅後方的步兵**，或許也可被稱為「騎兵戰車」。

由於一戰後德國對瑞典提供了良好的服務與支援，使其戰車發展計畫深化到第二次世界大戰中，包括後來於 1943 年成功研製出 Stridsvagn m／42 型戰車，背後都有不少德國的協助，所以基本上，瑞典日後戰車的發展基礎，其實是從 LK II 輕型戰車開始奠定的。

2　瑞典政府也採購法國的雷諾 FT 戰車，但價格卻是 1921 年向德國採購的 LK II 輕型戰車的 3 倍之多。

27. 祕密開發「大型拖拉機」

第一次世界大戰後，《凡爾賽條約》雖然規定禁止德國擁有戰車這種武器，但**為了規避此一禁令與國際控制委員會的監督**，一些軍火公司經軍方批准，**得以代表防衛軍在國外設立分支機構**；而在德國境內，「部隊局」（Truppenamt）則負責協調先前的戰車研製工作。後來在 1925 年 5 月一項名為「20 型軍用車輛」（Armeewagen 20）的中型戰車招標案誕生，這也是一戰後德國「陸軍軍備局」（Heereswaffenamt）的第一個招標案。

陸軍軍備局「研發測試部」（Amtsgruppe für Entwicklung und Prüfung）下轄的第六處，也就是「汽車和摩托化部門」（Kraftfahr und Motorisierungsabteilung）開出了此一大型拖拉機（中型戰車）的規格：長 6 公尺、寬 2.6 公尺、高 2.35 公尺、戰鬥重量 16 噸、垂直越障 1 公尺、越壕 2.5 公尺、涉水能力 80 公分、爬坡 30°、需具備浮游能力、最高時速每小時 40 公里、續航能力 100 公里、裝甲厚度 14mm、乘員 6 名（其中得含 1 名無線電操作手），武裝配備一門 24 倍徑的 75mm 砲（後來用於 IV 號戰車）和數挺機槍（含 1 挺同軸機槍），並在大型車體頂部安裝一座可完全迴旋的砲塔。

這樣的規格要求，主要著眼於在壕溝戰中倚靠重型車輛突破戰線，並憑藉履帶設計克服戰壕和被彈坑破壞的地形等能力。說穿了，**整體設計布局與第一次世界大戰中的英國戰車非常相似**（見第 201 頁圖 4-8）。

而軍方考量到一戰末期德國戰車生產作業遭到壟斷的嚴重後果，因此直接指定了三家公司：克虜伯、戴姆勒・賓士和萊茵金屬・博爾西格（Rheinmetall Borsig）[3] 分別委製，所以在

同樣的性能規格要求之下，各家端出來的樣品模型都長得不太一樣，也搭載不同版本的砲塔。值得注意的是，當時陸軍總部有著後勤共用的考量，希望採購的戰車在主要部件上能具備通用性，因此各家以低碳鋼打造的原型車，後來都被運到萊茵金屬的工廠組裝。

德國坦克在蘇聯測試

而在軍方人員打的算盤中，不僅想將大型拖拉機作為研究對象，事實上還計畫生產更多車輛，或者以這種模式為下一步開發工作提供資金。因此不論測試結果如何，**這些所謂的大型拖拉機除了樣車外，都不會有後續的量產訂單。**

到了 1928 年 4 月時，「20 型軍用車輛」的項目才正式更名為「大型拖拉機」，這也是基於保密的理由，而各家生產兩輛供測試的樣車則通常用 Gr.Tr.Db（戴姆勒·賓士 41、42 號）、Gr.Tr.Kp（克虜伯 43、44 號）、Gr.Tr.Rh（萊茵金屬 45、46 號）來作為車輛的個別代號。

這 6 部車輛在 1929 年的夏天，被裝載上火車運往斯德丁（Stettin），沿著海路運到蘇聯的列寧格勒（Leningrad）後，再輾轉運到了喀山（Kazan）附近的營區開始長達數年的測試。此外，雖然這所戰車學校的大部分經費都由德國提供，但蘇聯裝甲兵也可以參與研究計畫，在這個合作案的基礎上，俄國也派遣了技術人員與軍官前往德國受訓。

但是在這一段測試期間的結果頗令人失望，因為所有的樣車都被發現不同程度的技術問題，包括發動機、懸吊系統、履帶、底盤、傳動系統等，幾乎沒有一輛是令人感到滿意的產品。

德國的戰車設計師在此對這些車輛做了廣泛的測試，並從中獲取大量設計經驗，也理解到戰車在建造中的基本問題。而在這三家的產品當中，還是以萊茵金屬的樣車表現最好，戴姆勒·賓士的產品則第一個遭到淘汰。

直到 1932 年 10 月中旬，大型拖拉機所有測試工作結束，在蘇聯改由國家社會主義政府

掌權後，德蘇兩國的合作陸續收攤，這些測試性的戰車也在 1933 年通通被運回德國，最初被當作訓練車使用，也曾短暫在演習場上亮相。

　　隨著時間推移，德國成立了第一支裝甲師，每個戰車團團部都編配了一輛作為閱兵使用，後來命運好一點的戰車則成為裝甲團駐地營區內的紀念碑，差一點的則淪為靶場上的靶車，最終沒有一輛大型拖拉機倖免於難。

3　1933 年 4 月，萊茵金屬收購了即將倒閉的機車製造商博爾西格（Borsig），取得位於柏林的大型廠房，合併導致公司於 1936 年更名為「萊茵金屬‧博爾西格」。

圖 4-8：結束在俄國的測試後，大型拖拉機仍負有訓練德國剛成立的裝甲兵之重任。圖為克虜伯所建造的版本。（Photo／Bundesarchiv）

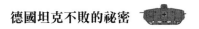

28.「輕型拖拉機」練兵可以，別實戰

雖然第一次世界大戰結束後，戰勝國以《凡爾賽條約》這道緊箍咒牢牢招住德國未來軍事上的發展，使得德國人只好以「拖拉機」名義，祕密從事軍用裝甲車輛的研發工程。而就在發出大型拖拉機招標案的兩年後，以 VK-31 作為實驗戰車研發代號的「輕型拖拉機」研製工作也跟著展開。

1928 年，軍方發布了 12 噸履帶式戰車的招標需求，兩個月後則將規格中的車重改為限制 7.5 噸，雖然此次也跟大型拖拉機一樣直接找了前文中三家廠商參與，但戴姆勒·賓士拒絕參與此研製案。

又過了兩個月後的 1928 年 7 月，獲得批准的設計規格大致如下：戰車必須配備無線電，以提供 2 ～ 3 公里範圍內的通信能力，並能在長達 7 公里的距離以摩斯密碼通信，也須具備對化學毒氣襲擊的保護功能。最高速度為每小時 40 公里、越野時速為每小時 20 公里、行駛距離為 150 公里，能夠涉水 0.6 公尺深、越過 1.5 公尺寬的壕溝，並以最低每小時 3 公里的速度爬上 31°的斜坡等。

再次嘗試，只能防彈不防砲

結果，克虜伯和萊茵金屬所設計出來的車型非常類似，它們都將發動機安裝在車體前部，砲塔安裝在戰車戰鬥艙上方，兩者主要在懸吊系統上有差異（克虜伯採用螺旋彈簧懸吊，而萊茵金屬採用板簧懸吊），但是克虜伯的工程師們不信任原本的拖拉機底盤，所以選擇自己重新製造，因此車身外觀比對手更長、更高一些（見下頁圖 4-9）。

最後，這 4 輛樣車都具有不同武器裝備、

圖 4-9：輕型拖拉機存在的時間比大型拖拉機更短，很快就被後來推出的 I 號戰車蓋過光環。（Photo ／ Bundesarchiv）

乘員組、重量和懸掛特性，也被賦予不同編號（37、38號由克虜伯製造，39、40號由萊茵金屬製造）。

後來這4輛車也都被運往俄國喀山的訓練基地，在那裡與蘇聯紅軍一起測試。這些車輛整體設計都仍不夠完善，例如越野能力並不那麼令人滿意、發動機結構容易過熱、冷卻系統作用不良等，但整體而言在蘇聯的實驗過程仍算相對成功。測試結果證明，**這些車輛擔任訓練用車還可以，但如果真的送去作戰，表現恐怕就不是那麼一回事了。**

所以，雖然先前在1931年，軍方下了將近300輛輕型拖拉機的訂單，都在一年後便取消了。當德國在喀山的祕密基地收攤後，這些輕型拖拉機也跟大型拖拉機一樣陸續被運回國內，它們先被送到位於施潘道（Spandau）的陸軍裝備辦公室，然後在1933年底移交給「戰車射擊學校」（Panzerschießschule），**作為初出茅廬的裝甲部隊訓練車輛，培養新生代裝甲兵。**

雖然兩家樣車的懸吊系統設計不同，但他們在動力上同樣都採用戴姆勒・賓士的M36型6汽缸汽油發動機，搭載「腓特烈港齒輪廠」（ZF）的四速變速箱與容量為150公升的油箱，並都能在公路上續駛140公里左右。到1934年，這兩家的樣車都被安裝實際砲塔後，兩者重量分別介於為8～9.5噸之間。該門火砲為KwK 45倍徑的37mm砲（備彈150發），並另外帶有1挺MG13同軸機槍（備彈3,000發），該車正面和側面裝甲均為**14mm**，僅能抵禦步兵的步槍彈而已。

雖然將發動機安裝在戰車前方，在某種程度上能減低乘員在戰鬥中的傷亡，但只要車體裝甲厚度不夠，就無法擋住槍彈和更大口徑的砲彈破片。因此如果不增加重量，並降低戰車本已乏善可陳的機動力，根本不可能升級裝甲，或進一步的現代化。

29. 獻給希特勒──「新型結構車輛」

在 1932 年時，德國陸軍提出了新型多砲塔戰車的需求，這樣的設計靈感可以追溯自英國的多砲塔原型車，也就是「維克斯」（Vickers）打造的「獨立」（Independent）型重戰車[4]。其主要規格為 15 噸的「中型拖拉機」（mittlere Traktor），以及主砲塔裝備 75mm、37mm 砲的詭異設計，另外兩個較小的砲塔（一前一後）則各裝備 1 挺機槍。這是德國軍方獻給希特勒作為新國家元首到來時的禮物，同時也希望盡快讓軍隊擁有適合的重型戰車。**當然，這些「工具」也有不小的宣傳目的**[5]。

這款由國防軍首次嘗試製造的中型戰車計畫，是以「新型結構車輛」（Neubaufahrzeug，縮寫為 Nb.Fz）為名研製，字面意義隱含著對德國軍隊復興的象徵。而該研製案一樣給了克虜伯和萊茵金屬這兩家公司，考量到它們需要使用許多共通的零部件，包括發動機和變速箱。也由於先前大型拖拉機的測試期間，萊茵金屬的車輛表現明顯優於其他公司的作品，因此在這一次的合約中，萊茵金屬負責設計底盤和砲塔，克虜伯則只獲得砲塔的設計合約。

比起訓練、演習，本車擅長「宣揚」國威

原本這兩家都只負責研製一輛原型車：克虜伯製造的 A 型、萊茵金屬的 B 型（於 1933～1934 年建造），兩家樣車的區別僅在於火砲布局，後來在 1934～1936 年又打造出另外 3 輛原型車用以測試。由克虜伯研製的砲塔呈矩形，側方有開口（與 IV 號戰車砲塔相似），砲塔搭載的 75mm 主砲與 37mm 副砲呈並排狀。

而萊茵金屬的砲塔設計則呈圓形，外有馬蹄狀的外環，其 37mm 副砲則安裝在 75mm 主

砲上方。前後部各安裝了一座機槍的砲塔，每個砲塔都裝有 7.92mm 機槍，跟後來的 I 號戰車砲塔神似。這些車輛的 24 倍徑 75mm 主砲都攜帶 80 發彈藥，45 倍徑的 37mm 副砲則有 50 發備彈，兩挺 MG34 機槍共攜帶約 6,000 發彈藥。

新型結構車輛的車重達到 23 噸，編制車組人員為 6 名（車長、駕駛手、裝填手、3 名射手），動力系統搭載了 BMW 的 12 汽缸航空發動機，後來換裝「邁巴赫」（Maybach）HL 108 TR 型發動機，最大輸出馬力將近 300 匹、油箱容量為 457 公升、最大公路的行駛速度為每小時 30 公里、行駛距離 120 公里。

車輛兩側有側裙保護，並設有兩個檢修門以利維修懸吊系統，但這車的裝甲並沒有比當時其他裝甲車厚多少，僅足以防護步兵武器、輕型反坦克砲和破片的程度（見下頁圖 4-10）。

這 5 輛原型車最初用於測試和機組人員的培訓；前兩輛參加了軍隊的演習，後 3 輛則在普特洛斯（Putloss）的實驗場地做了廣泛測試。

由於這種多砲塔車輛又重、又慢，明顯是一種過時的設計，軍方便在 1936 年底取消了該系列所有的進一步開發案，轉而優先考慮研製 IV 號戰車。古德林對於戰車戰術的運用概念即是偏重機動力，而非火力，也因此機動戰才在後來演變成閃電戰的戰法核心。

所以，這些車輛很快就成為國防軍中的「白象[6]」，但它們仍拚命出現在所有官方的宣傳節目、新聞畫面或大型公開展示的活動中；也不可否認，它們對於德軍的下一個「支援車輛」（Begleitwagen）中型戰車計畫具有參考價值，而這個計畫的成果，就是日後被投入量產的 IV 號戰車。

即使宣傳效果如此膨脹，但在希特勒決心對波蘭動武時，這幾輛的「新型結構車輛」卻因為缺乏備用零件，毫無參戰紀錄。反而在西線戰役開打後，德軍成立了「第 40 特種戰車營」（Panzer Abteilung z.b.V. 40）支援入侵挪威的行動時，才有 3 輛新型結構車輛被分配到該部

圖 4-10：生產車間的新型結構車輛，它們又重、又慢，空有龐大的火力，卻在挪威實戰中表現不如預期，戰鬥妥善率嚴重不足。
（Photo ／ Bundesarchiv）

隊，並於1940年4月19日被運至奧斯陸（Oslo）港登陸，參加了當地作戰行動。

這些車輛組成了「霍斯特曼戰車排」[7]，儘管它們的速度緩慢，卻仍令人印象深刻，因為這是第一款**不但外型威武，武裝還最完備的德國戰車**。

武裝再怎麼完備，臨陣出事還是大問題

不過，它們在挪威與英軍的戰鬥中卻屢屢以敗退收場，德軍本身的報告中指出：新型結構車輛本身搭載了火力強大的各種武器，的確足以提供車輛全方位的防禦，行駛狀況也能應付相關地形條件，但是後勤補給與維修情況跟不上耗損的速度，造成戰鬥妥善率不足而影響實戰表現。

這輛多個砲塔，看似火力強大的車款，卻**在瞄準射擊時必須讓車輛靜止，且需持續約30秒，射手才有足夠把握能命中**；而機槍射手為了擊中目標，駕駛手也必須讓車輛維持一定的速度（引擎轉速約1,100轉），否則車體震動將會過大，進而影響射擊準度。

後來，這些車輛還在巴爾幹半島服役，並被運往羅馬尼亞的南方集團軍。隨著戰火燒向蘇俄，同年夏天，這幾輛車又在「巴巴羅薩行動」（Operation Barbarossa）的前幾個月被投入使用，其中包括在烏克蘭西部出現。

而為了迷惑敵人，德軍還故意將新型結構車輛不同砲塔模型和角度的照片流出，造成美國和蘇聯間諜都有報告聲稱德軍已擁有新的重型戰車。不過，這幾輛戰車散布在不同的戰區，而且幾乎都是單獨存在，很難取得有效的戰果，最後紛紛遭到摧毀而消失在歷史的洪流中。

回溯德國於1919年簽訂的《凡爾賽條約》，其中對於德國的軍備發展有許多嚴苛條件，其中一項便是禁止德國設計、生產和使用戰車。條約中同時規定任何生產「裝甲戰鬥車輛、戰車或類似可用於軍事用途載具」的人，都要被**處以10萬馬克罰款和最高監禁6個月**。

儘管當時德國國防軍在人力和技術上受到這些壓抑，數名國防軍軍官仍祕密設立了參謀本部辦公室，用來研究未來的戰略。雖然在初期提出以戰車作為新式武器的理念，不只得到上級冷漠的回應，保守的兵科（如騎兵）更是異常排斥。

沒有元首支持，就沒有裝甲部隊

畢竟，騎兵可是幾個世紀以來的主力兵種，而德國的騎兵軍官幾乎都是傳統貴族子弟出身，深怕這種崇高的地位將被取代，所以無不處心積慮的阻礙裝甲兵的發展。除了騎兵堅持掌管偵察部隊外，還有步兵、砲兵等也希望掌握本身兵科部隊，要不是陸軍的一場人事大風吹（戰爭部長與陸軍總司令均遭到革職），希特勒直接成為三軍統帥，否則德國裝甲部隊的發展，可能也不會如此快速的步入坦途。

德國公司也被鼓勵研究和設計戰車，如：克虜伯、戴姆勒·賓士、亨舍爾、萊茵金屬、「奧格斯堡－紐倫堡機械製造廠」（Maschinenfabrik Augsburg Nürnberg，簡稱MAN）等，同時軍方在戰前也與蘇聯和瑞典達成機密軍事合作，他們在國外研究並取得珍貴的技術，這些資料也在後來被證明對德國戰車設計大有貢獻，加上軍工實力底子深厚，所以後來在戰爭期間才能將各種新型戰車如雨後春筍般不斷推出。

歷經二戰的慘烈戰鬥後，各戰線上的德國裝甲部隊繳出一場又一場漂亮的成績單，武器的更迭更是空前的迅速，從 I 號輕戰車到 VI 號重戰車、自走砲、突擊砲、防空砲等紛紛出籠，**更象徵著戰車性能三大指標的火力、機動力和防護力，與上一次世界大戰相較已有倍數的躍升**，也才讓人有如此目不暇給的感受。

加上戰場上湧出一批批的戰爭英雄，他們操縱著這群鋼鐵猛獸奮勇作戰，所寫下的英勇篇章更是為後人讚嘆與敬佩，而這一段期間武器發展的題材，也一直是讓軍事迷們最感到豐

富的輝煌年代。

　　雖然「大獨裁者」還有許多瘋狂的武器製造計畫，其中免不了也有一些超級戰車仍在實驗，或者還停留在圖紙的階段，然而這些鋼鐵巨獸已經沒有機會登場為「第三帝國」奮戰了，隨著世界大戰劃下句點，它們頂多在軍事史洪流中曇花一現。如今只能在文件檔案中回顧它們的黑白身影，而無法有實物讓人緬懷。

4　它也啟發了蘇聯的 T-28 和 T-35 型戰車。

5　雖然這些戰車從未量產，但它們為納粹德國提供了宣傳作用，例如曾經在 1939 年的「柏林國際汽車博覽會」上展出過。

6　比喻昂貴或需要花費很多資源才能維持良好狀態，卻沒什麼用處或根本不需要。

7　以其指揮官漢斯・霍斯特曼（Hans Hortsmann）中尉部署在挪威後命名。

第 5 章

橫掃歐陸——
納粹德國的鋼鐵猛獸

30. I 號戰車：勉強稱為汽車

當時德國為了掩飾發展戰車的企圖，所訂購的戰車都以「農耕機」（Landswirtschaftlicher Schlepper）名義掩人耳目，而 I 號戰車可以說是二戰德國裝甲兵的起點，它展現出德國設計師積極投入戰車領域的野心。

若以當時的戰車工藝水準而言，即使在嚴格的制約條件下，仍可以在其身上看見許多技術的運用，這一批戰車讓年輕的德國裝甲兵從步履蹣跚，成為開戰之後一張又一張的王牌。

尺寸迷你、只有機槍的「裝甲汽車」

I 號戰車（正式編號為 Sd.Kfz. 101），是一款德國於 1930 年代便開始研製的輕型戰車，也可以說是希特勒大力支持裝甲部隊創立時的基本配備。

這款戰車於 1932 年便開始設計，1934 年量產，由於尺寸迷你（長 4.02 公尺、寬 2.06 公尺、高 1.72 公尺）、火力薄弱，砲塔僅配置了兩挺口徑 7.92mm 的 MG13 型機關槍（共攜帶彈藥 1,525 發），勉強只能稱得上是「裝甲汽車」的等級，跟日本所謂的「豆戰車」沒什麼兩樣。

環視當時外國戰車的裝甲厚度，光以這種機關槍火力的等級，也只有給它們搔癢的作用，根本談不上對抗。在這樣的現實之下，I 號戰車多半只淪落為訓練用途（見下頁圖 5-1）。

I 號戰車為輕型的雙人座戰車，車身裝甲防護力極為薄弱（裝甲最厚處只有 13mm，最薄處僅有 6mm），車身還有許多明顯的開口、縫隙以及焊接接合處，以致這款戰車的防護力真的乏善可陳。如果以當時的標準衡量，I 號戰車根本配不上被稱為「戰車」！

該車由兩名成員共用同一個戰鬥艙間，駕

圖 5-1：Ⅰ號戰車的量產，主要是為了讓各廠商培訓技師，並提供裝甲兵訓練基地的訓練用車。（Photo ／黃竣民）

圖 5-2：儘管綜合性能難堪大任，但 I 號戰車在納粹德國初期，仍扮演著展示軍威的任務。（Photo ╱ Bundesarchiv）

駛手從車旁的艙門進入；車長則由砲塔上方的艙蓋進入，在艙蓋完全閉合的情況下，車內乘員對外的視野極差。事實上，車長大多時候會站立，好讓頭部冒出砲塔外以獲得更佳視野，或許也是從那時候起，戰車車長探頭對外觀察情況就演變成了一種習慣，畢竟倚靠車內觀測孔實在沒什麼安全感。

裝備簡陋，用通訊速度搶回優勢

在西班牙內戰時期，Ⅰ號戰車的表現不佳，後續在併吞奧地利的「長距離拉練[1]」行動中，長途行軍時機件更不堪負荷，據說有 38% 車輛頻頻拋錨。不過也就是這一些寶貴經驗的累積，才讓德國的裝甲部隊得以迅速逆勢成長。

Ⅰ號戰車在操作時，戰駕兵坐在車艙內的左前駕駛座位置，使用傳統的轉向操縱桿控制戰車。而指揮官則位於砲塔部位，同時負責操控砲塔上的兩挺機關槍，砲塔的迴旋則需藉由車長以人力手搖方式轉動。戰車組員戴著耳機和喉部通話器，在車內可以透過語音通話指揮與溝通。

德軍裝甲部隊在**應用無線電通訊一方面，可說是世界的先驅**，這或許也是德軍後來在二戰初期，**只靠著劣勢裝備卻能一再擊敗敵軍的「隱性」因素之一**。因為早在 1930 年代，當其他國家在戰車部隊的指揮與管制上還倚賴著視（旗）、聲號的同時，具有通訊兵背景的古德林將軍，早已致力於裝甲部隊的無線電標準化和普及化工作。能被稱為裝甲兵的先驅，當然也要有足夠的遠見。

Ⅰ號輕型戰車主要分成 A、B 型，A 型在約略大燈下方的位置搭載了變速箱系統，變速箱為標準的商用滑動齒輪式，具有 5 個前進檔和 1 個倒退檔。車身的履帶乘載系統，在路輪外部有一根大型橫桿，自外部連結每個路輪的輪軸（初期 3 輪、後期 4 輪）直到惰輪為止[2]；B 型因為車身加長，而讓車尾的惰輪上提（見第 217 頁圖 5-3）。

履帶的驅動輪位於前方，所以戰車底盤下方會有一根傳動軸，從引擎經由駕駛腳旁連接到驅動輪。Ⅰ號戰車的綜合性能雖然還有大幅改進的空間，卻也採用了當時罕見的焊接技術工法（當時戰車生產的主流是鉚接方式，因此戰車的外觀幾乎總是布滿鉚釘），並率先裝置了無線電通信裝備。

在Ⅰ號輕型戰車A型的後部，可以看到引擎的散熱孔和左、右兩側隆起的圓狀排氣管。由於克虜伯製的M305型氣冷式引擎輸出馬力不足，避震效果也不佳，因此後來的B型就換裝了邁巴赫NL 38 TR型水冷式引擎（馬力從60匹增為100匹），由於換裝了新式引擎，也因此讓引擎室加大，而得延伸40公分的長度，連帶讓整個車身尺寸加長，因此在外觀上非常容易識別，主要是履帶的部分從A型原本的4組路輪，到B型時增為5組路輪，不僅多增加了一個獨立的路輪，還有一組履帶支輪，履帶長度因而增加，車尾的惰輪也自地面向上提高。

從Ⅰ號戰車A型的履帶與路輪設計，**可以想見其初期的原型車（LKA）少掉砲塔的外型，被認為是農用拖拉機一點也不為過**。A型所採用的履帶寬幅是28公分，懸吊系統採用簧片式懸吊系統，在4組路輪當中，只有第一路輪設有減震彈簧，接續的是兩輪一組的簧片避震設計，而後方的惰輪基本上是接地的。

在併吞奧地利時，這些戰車並沒有直接參與實際戰鬥，而是進行七百多公里的行軍訓練，不過光是這樣強度的機動行軍演習，就暴露出這一批輕戰車故障率高的窘狀，不僅造成後勤維修單位龐大負擔，也引起了軍方當局注意。

戰車駕駛手進出的艙門，因為採用上方、左方各半開啟的模式，因此限縮了砲塔的配置位置，而Ⅰ號戰車的小砲塔，也並非採用普遍置中配置的設計，因此車身重心的確有平衡問題。

而駕駛艙的空間也沒有那麼狹小，或許是因為該車設計為兩名乘員的關係，加上當時艙內機械結構的布局，並沒有那麼高的自動化程度，

圖 5-3：展示於美國李堡（Fort Lee）的Ⅰ號輕型戰車 B 型，它改善了過熱與馬力不足的缺陷，並成為Ⅰ號戰車的主力型號，從 1935 ～ 1940 年之間，各裝甲單位都可以見到它的蹤跡。（Photo ／黃竣民）

這樣的因陋就簡也是必經的發展過程。

其砲塔只搭載兩挺 7.92mm 的機槍，在實戰檢驗中實在是火力貧弱，幸好在當時的地形與早期戰術運用上，各方都仍處於摸索的階段，否則戰果肯定很難看。

機動力、火力都比不過人

回溯 1936～1937 年之間，約有 120 輛 I 號戰車（A、B 型）被派赴西班牙參與內戰「實戰練功」，以真實情形驗證德國戰車未來的發展路徑，還有裝甲部隊戰術的運用思路。

這支由威廉・約瑟夫・里特・封・托馬（Wilhelm Josef Ritter von Thoma）中校指揮與訓練，名為「兀鷹軍團」（Condor Legion）的裝甲部隊編有 3 個群，經過幾個月的整訓之後，於 1937 年 2 月 6 日至 27 日，在馬德里西南方約 30 公里處的庫瓦斯德拉薩格拉（Cubas de la Sagra）投入戰鬥。

I 號戰車在戰鬥中的表現不甚亮眼，甚至被其他國家的戰車壓制，隨後於 1937 年早期，德軍將 6 輛 I 號戰車換裝義大利製的「布雷達」（Breda）35 型 65 倍徑的 20mm 機砲。

此外，在西班牙內戰期間所投入的 I 號戰車，也讓德國人意識到該輕型戰車機動力不足的問題，相對於戰場上的其他對手（如俄製的 T-26 或 BT-5 型戰車）而言，不只火力，速度也不在同一個檔次。

這樣的實戰經驗，也加速了德軍戰車後續的研發腳步。雖然該軍團在返國後解編，這一批搭載義大利製機砲的車輛也未再見到蹤影，不過這批來自第 6 戰車團輪訓的官兵，卻在日後的戰爭歲月裡，不辱使命的承擔起第三帝國裝甲先鋒的角色。

意外成為開戰初期主力的小不點

德國在二戰爆發前夕的一連串整軍經武，仍有許多值得其他各國借鏡之處，例如一個專案的設計階段會有多家廠商參與，而得標之後也

會委由多個廠家同時生產。I 號戰車就不只是由克虜伯及戴姆勒‧賓士公司製造，連亨舍爾、MAN 跟「威格曼」[3]（Wegmann）公司，均有投入 I 號戰車的研發。

這樣的狀況直到入侵波蘭之前，I 號戰車的產量已與原本設計用途有很大的出入，**它不僅不是過渡用的訓練用車，而是國防軍裝甲部隊總數的 46% 之多**，只能說德國開戰的速度早於預期（原本估算會是 1944 年）。而它一直到 1941 年才停產，據官方 1942 年 4 月的統計資料顯示，自 1939～1941 年之間，戰損的 I 號戰車有 853 輛，超過了總生產量的一半。

其衍生型號之一—— I 號戰車指揮型（Kleine Panzer Befehlswagen I，正式編號為 Sd.Kfz.265），最初多是由原本的 B 型（僅少部分 A 型）加以改造而成，主要由戴姆勒‧賓士位於柏林南區的瑪利恩費德（Marienfelde）工廠負責。外觀上最大的不同處是移除了砲塔，改為與車身同寬的方型上層指揮艙，以放置地

圖桌（見下頁圖 5-4）。

在武裝部分予以簡化，改為 MG13 或 MG34 型的 7.92mm 機槍 1 挺（子彈 900 發）僅供自衛使用，出入口則改在指揮結構左側，並將乘員增為 3 名。

不得不說，**德國傳統的軍事學說向來強調「前線指揮」的重要，所以將軍傷亡比例向來高於他國平均值**，也因此各種裝甲車款也大多會有指揮車版本供指揮官使用，從外觀最好辨識的方法便是天線。從 1936 年至 1938 年之間，在 I 號戰車的基礎上，德軍一共改造 184 輛指揮型戰車，其中約有 96 輛參與了法國戰役，而之後的改良型也陸續被派到了東線戰場。

不過在戰史記載中，卻有一輛隸屬於第 2 裝甲師第 3 裝甲團團部通訊排的 I 號戰車，從 1938 年 2 月被編入部隊後，一直奇蹟似的服役到 1945 年 4 月歐戰結束前夕，而創造這個傳奇故事的人物，就是邁爾‧史特勞斯（Mile Strause）下士；他的戰爭歲月，就是一部**德國**

圖 5-4：這輛 I 號戰車 B 型的指揮車版本，並沒有改變其裝甲薄弱、防護力差的天命，雖然該指揮車型在車身正面加厚了 10mm 的鋼板，但指揮塔側面呈現多處被敵火貫穿的彈孔。（Photo ／黃竣民）

裝甲兵操作最簡陋的裝備，一路陪著納粹德國征戰的活歷史。

I 號指揮型戰車高聳的指揮艙間，內裝有 FuG2（早期戰車以及部分連、排級指揮車裝備，天線 2 公尺）和 FuG6 型（德語：Funk Sprech Gräte，無線電通話裝置）無線電，並備有專用馬達為電池充電，多出的天線架在右側翼板上。在入侵蘇聯的行動展開後，後期甚至加裝通信距離更遠的 FuG8（可用於空地聯繫）和 FuG10 無線電，讓裝甲部隊可以召喚空軍的 Ju-87「斯圖卡」（Stuka）俯衝轟炸機來展開密接支援作戰（Close Air Support，縮寫為 CAS），掃清進路障礙，並確保裝甲部隊進擊的速度。

在後續的「巴巴羅薩行動」侵蘇戰爭爆發後，基本上就宣告 I 號戰車的極限到了，再也無法承擔戰場上戰車真正從事的戰鬥任務。

整體而言，I 號戰車的生產量還不少（在入侵波蘭之前，德軍手上握有 1,450 輛，到了進攻法國前夕，也還有 1,000 輛以上），由於主力的 III 號、IV 號戰車研製工程延宕，造成量產的速度一直不理想，基本上在二戰爆發的初期都只有 I 號、II 號戰車在戰場上衝鋒陷陣的景象，也真是為難它們了！

如果追溯我國早期裝甲部隊的發展歷史，跟德國的 I 號戰車可還有一些淵源呢！**當時的國民政府曾向德國訂購上百輛的 I 號戰車**，不過在對日戰爭全面爆發之前卻僅收到 16 輛；當時採購的時價為 103 萬馬克，而且狀況還不太理想[4]（見下頁圖 5-5）。

這些家當在運抵國門後，立即編入裝甲兵團的戰車營第 3 連，在後來的南京保衛戰中，不是奮戰到底、遭到摧毀，就是被日軍擄獲，下場不勝唏噓：它們被日軍送到靖國神社，並以「擄獲的蘇聯製戰車」為名展示[5]。中國國民政府初期所培植的裝甲部隊，其實在中、日一開戰沒多久，基本上就歸零了！

1　由古德林指揮的第 2 裝甲師創下於 48 小時內推進 700
　　公里的部隊機動新頁，但也約有三分之一的戰車在途中發
　　生故障。

2　編按：路輪為履帶中段主要乘載重量的輪子；位於履帶
　　前後兩端的，則分別是惰輪與驅動輪。相較於提供動力、
　　驅動履帶的驅動輪，惰輪則是被帶動的另一端。

3　威格曼公司在 1999 年與克勞斯‧瑪菲合併，改稱為克
　　勞斯－瑪菲‧威格曼，也就是今日大家熟悉的豹 II 戰車生
　　產製造商。

4　該批戰車在運抵中國時，由於運輸前的包裝不當，在長
　　時間的海運過程中，車內許多部件都受潮或遭海水腐蝕
　　（如機槍支架、制動器、望遠鏡、水箱等）。

5　日本為了避免破壞當時即將與德國締結為軸心國的同盟
　　關係，故採用「蘇聯製」以掩人耳目。

圖 5-5：國民政府軍隊所使用的 I 號戰車 A 型，遭到日
本擄獲後，1939 年時還在東京被公開展示。（Photo ／
Wikimedia Commons 公有領域）

31. II 號戰車，皮薄，拳頭小

1934 年，已經成功開發出 I 號戰車的德國陸軍，雖然正緊鑼密鼓的為成立裝甲部隊努力，但德國軍隊中那些鼓吹戰車運用理論的先驅們，並不認為該車薄弱的火力，能對敵對陣營中的戰車產生像樣的威脅，於是很快便又提出了另一個裝甲車輛的發展計畫。

不較前輩特別，又不比後輩出色

在這項產品的規格中，主要條件是：戰鬥重量小於 10 噸、裝備 20mm 機關砲基本武裝的輕型坦克。參與設計的廠家計有：MAN、克虜伯、亨舍爾及戴姆勒・賓士等大廠。

後來 MAN 公司雖然得標，但也因為在車身設計上卻乏經驗，只得跟其他廠家共同合作，才將這一輛過渡時期的輕型戰車研製出廠。而當時的德國為了積極備戰，因此讓更多廠商參與戰車製造，以致後來衍生的各種款式會有不同廠商生產的現象，並在二戰初期擔起重任。

II 號輕型戰車，是德軍自 1939 年 9 月 1 日波蘭戰役開打、征法戰役，一直到揮軍進入蘇聯這段期間內，德國裝甲部隊真正的主力裝備，因此使用量十分龐大。不過 II 號輕型戰車的皮薄、拳頭小，實際在與蘇軍裝甲部隊的戰鬥中，並沒能發揮出多大的作用，大部分時間都在挨揍，只能說它的確為德軍大批的裝甲指揮官累積了實戰經驗。

在懸吊系統與履帶方面，II 號戰車的承載系統設計十分特別，在兩側各有 5 對小直徑的負重輪和 4 組輔助輪，採用鋼板彈簧的平衡式懸掛方式；驅動輪位於前方、惰輪則在後方，5 個路輪分別裝置在簧片的避震器葉片上。履帶型式也很獨特，履帶寬度為 30 公分，雖然仍為

圖 5-6：II 號戰車 C 型是該系列大批量產型的終極實驗版，在 III 號戰車尚未量產之前，也讓兵工廠保持生產線滿載。（Photo ／黃聖修）

圖 5-7：本輛 II 號戰車 F 型，原車於 1942 年 12 月運往北非的突尼斯，隸屬於第 10 裝甲師第 7 裝甲團的偵察排，最終因油彈枯竭遭英軍擄獲。（Photo ／黃竣民）

窄型履帶（只比 I 號戰車寬 2 公分），但是卻簡易且牢固。

II 號戰車初期的生產型號 a1、a2、a3 型主要用於測試與部隊訓練，但因主力戰車（III 號、IV 號戰車）的生產一直不順利，因此在二戰早期的戰場上，**它被迫得由配角硬充成了主角**（I 號戰車僅配備機槍，火力無法有震懾的效果），一直服役到 1941 年中期，可以說是戰車這一項武器，在機動作戰時代下的代表性產物。

現實所迫，不得不淡出戰場舞臺

II 號戰車在機動力的表現上，的確解決了先前 I 號戰車引擎功率不足的問題（儘管 I 號戰車 B 型後來已更換馬力較大的引擎）。初期的 II 號戰車所搭載的是邁巴赫 HL 57TR 型的六缸水冷式汽油引擎；後來則搭載邁巴赫 HL 62 TRM 六缸水冷式汽油引擎（馬力 140 匹，高速來到每小時 40 公里）。

與捷克製的 38（t）戰車相較，II 號戰車在火力、防護力和機動力各方面均呈現較差的表現，為此陸軍才提出升級的需求。於是他們在 C 型的基礎上加以改良，除了將車體正面裝甲加厚，讓駕駛艙前的裝甲不再採用外掛式，改為一體成型的設計（厚度增加為 35mm）、車側裝甲也提升到 20mm 的厚度，解決先前型號在正面臨時附加裝甲板時不牢固的問題。砲塔正面的裝甲部分亦從 15mm 提升到 30mm，側面則僅有略微增加（見第 224 頁圖 5-6）。

車體前部的裝甲從圓弧狀修改為平直型，可以附掛備用履帶作為額外的防護手段，而為了讓車長能有較佳的觀測視野，也設有車長專用的指揮塔，這就成為一般常見的 F 型。雖然 II 號戰車早期（A／B／C 型）的砲塔防護力非常薄弱，砲塔正面的裝甲僅 15mm、側面與後方裝甲也差不多只有 14.5mm 左右（雖然在 F 型的砲塔後方有加裝工具箱作為額外防護）、頂部裝甲更只有 10mm，不過打從波蘭戰役正式開打、擊潰法國，到侵蘇戰役期間，它一直都

是德國裝甲部隊的主力裝備。

II 號戰車 F 型在火力方面則還是沿用了「一大一小」的配置，即 1 挺 MG34 型（7.92mm）機槍（備彈 2,550 發）、1 門 KwK 30 型（20mm）機砲（備彈 180 發），可以射擊高爆彈及穿甲彈，砲架的最大仰俯角度為 +20°～ -9.5°，並透過 TZF4 型瞄準鏡瞄準（見第 225 頁圖 5-7）。

以這樣的火力強度，在實際戰場上的裝甲對抗中很難發揮出作用，但是在二戰戰前及初期一系列的震懾行動（如併吞奧地利、捷克、入侵波蘭）中，卻讓德國裝甲兵獲得許多經驗，累積裝甲部隊戰術，並為後來的新型戰術奠定了基礎。

德國一共生產了超過 500 輛 II 號戰車 F 型，以一輛製造單價為當時 52,728 帝國馬克而言，已是德國財力可以接受的項目。後來由於蘇德戰爭爆發後，II 號戰車的戰鬥力已經明顯無法支撐更嚴苛的裝甲作戰，因此在 F 型生產完後，II 號戰車便開始退出現役，例如轉至戰車學校

擔任教育訓練使用、功能改裝，或轉給警察部隊從事游擊隊掃蕩使用。

II 號的最終型態：山貓偵察車

而 II 號戰車 L 型（Panzerspähwagen II Ausf L，正式編號為 Sd.Kfz. 123），也是一般俗稱的「山貓」（Luchs）偵察車，則是 II 號戰車的最終極版本，但這也是象徵該款戰車戰鬥力的極限了（僅 L 型的偵察車款式，換裝為威力更強一些的 KwK 38 型 20mm 機砲）。

本車的車體依舊是由 MAN 公司承包，砲塔則由戴姆勒・賓士設計，從開發至定型生產前，由於德軍對這款裝甲偵察車的期望非常高，因此在整個研改的過程中還一再修改設計（見下頁圖 5-8）。

在整體外型上，雖然有更洗鍊的車體結構和砲塔、懸吊系統、通信設備、火力射控系統（TZF 6 型光學瞄準鏡），車重也突破 10 噸（來到 13 噸），**卻仍然比不上東線戰場上遭遇到的**

圖 5-8：II 號戰車 L 型是終極的偵察型戰車，在承載系統部分，可以看到在第 1 個路輪與最後的路輪內壁，各裝置有一根避震系統，該車的原屬單位為第 9 裝甲師第 1 裝甲偵察連。（Photo ／黃竣民）

圖 5-9：在最初的 100 輛 II 號戰車 L 型偵察車中，如今僅剩其中兩輛被保存下來。（Photo ／黃聖修）

T-34 戰車。雖然德軍訂購了 800 輛，但最終僅生產 104 輛（也有一些資料稱 133 輛），這些車輛全數交由裝甲師的偵察部隊使用，在東、西線都有它奮戰的足跡。

而原本要換裝更大口徑的 50mm 砲車型，也沒有如期在終戰前推出；因為早期在入侵波蘭和法國期間，**輪式偵察車能快速移動、威力強大的戰鬥經驗給軍方留下了深刻印象**，所以相較之下便宜又好用的美洲獅輪型裝甲車出線，讓 L 型的山貓就此成了 II 號戰車的最終型態。

II 號戰車 L 型山貓的砲塔，可以看到搭載了 KwK 30 型 55 倍徑的 20mm 機砲，雖然與一般 II 號戰車口徑相同，但是火力更強大（可以射擊穿甲彈），彈藥攜行量也增加（從一般型號的 180 發，增加到 330 發，機槍彈攜行量則為 2,550 發），砲塔前方裝甲厚 30mm、側面 15mm、後方 20mm、頂部則為 13mm，砲塔兩側各有一個置物架。

相較於先前的 II 號戰車款式，山貓的武裝配置略有所不同，標準的 II 號戰車是將 20mm 機砲跟 7.92mm 機槍分別裝在與砲塔左右對稱的位置，而山貓偵查車則是將 20mm 機砲置於砲塔中線，將 MG34 機槍偏移至左側當作同軸機槍使用。

由於車內空間增大，車內編制的乘員數也由 3 名增為 4 名（車長、射手、駕駛手和無線電話務兵），這樣可以讓車長專注於自己的工作，也設有一個車長專用的觀測艙（蓋）。

車裝通信系統是 FuG 12 型無線電和 80 瓦的發報機，車內組員之間則透過對講機通信。為了提高機動力以因應偵察部隊所需，山貓在機動力與火力上也有提升。首先是換裝馬力更大的邁巴赫 HL 66P 型六缸汽油水冷式引擎，搭載 ZF 的 Aphon SSG48 型變速箱，馬力升級到 180 匹（132kW），最高時速每小時 60 公里、越野也有每小時 40 公里以上的表現，油箱容量增加為 236 公升。

履帶和承載系統則繼承 II 號 G 型戰車以來，

所採用的複式路輪排列方式，不同的是 G 型的路輪具有孔狀，而 L 型的則是無孔的盤式路輪，另外驅動輪和惰輪的形狀也不一樣。履帶寬度從 30 公分增寬為 36 公分，以獲得更佳的接地壓力，換取更好的越野能力。

被送到東線的山貓偵察車會額外在正面加掛裝甲板以增加防護力，少數則裝備了額外的無線電設備和天線，用以擔任較長距離的偵察和通訊聯絡任務。**這款輕型偵察戰車一直陪著德軍奮戰到戰爭結束為止。** 在這期間，不管是德國國防軍，還是武裝親衛隊的裝甲偵察部隊，都曾經操作過這一款輕型偵察車。

但當戰爭進入 1944 年後，不論東、西線的戰場環境都已經不允許山貓偵察車的活躍了，因為盟軍地面部隊在火力與裝甲各方面，都已經遠高於此款戰車的水準，若強行執行偵察任務，恐怕也只是以卵擊石。

德軍在西線所發起的「閃電戰」，雖然讓當時歐洲號稱最強大的法國陸軍，在不到兩個月的時間內土崩瓦解，大批盟軍官兵丟盔棄甲逃至英國，但這樣的戰果並沒有讓德國興奮過頭。就在這種新型態的戰術運用下，也讓**德軍意識到 II 號戰車不能承擔真正戰車的角色，尤其是在隨後開打的征俄戰役更為明顯。**

改良武器後繼續苦撐：黃蜂式自走砲

II 號戰車從 1936 ～ 1942 年間被大量生產，與其淘汰，還不如加以改造後重新賦予新生命。於是在 II 號戰車 F 型的基礎上，1943 年推出這一款「黃蜂」（Wespe）式自走砲（正式編號為 Sd.Kfz. 124）；幕後的操刀者是「阿爾克特」（Alkett）公司[6]（見下頁圖 5-10）。

改良部分主要以 II 號戰車 F 型的底盤，搭配萊茵金屬公司的 leFH 18M 型 105mm 榴彈砲，整體生產則由「車輛和發動機廠」（Fahrzeug und Motoren Werke，縮寫為 FAMO）公司於波蘭占領區的華沙（Warschau）廠負責。從 1943 年 2 月到 1944 年 8 月，一共

圖 5-10：黃蜂式自走砲第一次參戰，是在 1943 年 7 月庫斯克（Kursk）的「城堡作戰」（Operation Citadel）中登場，實戰證明這一款自走砲的性能優異，之後它便在各條戰線上頻頻露臉。（Photo ／黃聖修）

有 676 輛黃蜂式自走砲和 159 輛黃蜂式彈藥輸送車（底盤編號 31001 至 32190）被生產出廠。

阿爾克特公司在早期就曾有與「阿弗雷德‧貝克爾」（Alfred Becker）合作，將擄獲的法國裝甲車輛改裝為自走砲的經驗。採用 II 號戰車 F 型所改裝的黃蜂式自走砲，其後期型將車裝引擎和散熱器向前配置，並加長底盤（220mm）尺寸，迫使最後一個路輪和惰輪間的空間加大。懸吊系統由 5 對路輪和 3 對支輪組成，使用 30 公分寬，每邊由 108 片鏈接而成的履帶。

為吸收上層火砲射擊的強大後座力，懸吊系統雖然也是採用葉片彈簧式，但有被予以強化。動力系統為邁巴赫 HL62TR 型直列六缸水冷式引擎，搭配 ZFA 製 SSG 46 Aphon 型變速箱（前進 6 檔、後退 1 檔），提供 140 匹馬力的動力，油箱容量 170 公升，最大行駛距離為 220 公里。

黃蜂式自走砲的上層戰鬥部分為露天式，裝配一門 leFH 18M 型 28 倍徑的 105mm 榴彈砲，該型火砲是二戰期間德軍師級部隊使用的標準野戰砲，由萊茵金屬公司在 1929 ～ 1930 年間設計開發，並於 1935 年開始在德國國防軍中大量服役，**在德國入侵波蘭之前，已約有 5,000 門該型野戰砲配發部隊使用。**

車上的火砲能左右轉動的射角範圍各為 17°、俯仰角度為 -5°～ +42°、射速每分鐘 3 發，能夠射擊高爆彈、穿甲彈、破甲彈等多型彈種。砲口初速為每秒 470 公尺，採用 Rblf 36 型瞄準具，有效射程達 8,400 公尺（最大射程超過 10,000 公尺），砲管壽命 10,000 ～ 12,000 發。

黃蜂式自走砲整體的戰鬥重量來到 11 噸，編制成員 5 名（車長、駕駛、砲手 3 名），自走砲車體上層的戰鬥部分，卻僅以 10mm 裝甲板作為簡易的人員防護（僅足以抵抗步兵輕兵器的射擊），上層的戰鬥部內還有搭載 FuG Sprf 無線電設備，透過前進觀測官的命令或指示，向目標投射及時的火力。

由於東線戰事對於德軍機動式的火砲需求

量大增，間接促成了黃蜂式自走砲的發展。除了車裝 1 門 105mm 榴彈砲外（備彈 32 發），副武裝有 1 挺 MG34 型 7.92mm 機槍（備彈 600 發），還有隨車人員所攜帶的 MP38 或 MP40 衝鋒槍。從 1943 年的春季開始列裝到德軍各裝甲師的砲兵連中，每個砲兵連編制 6 輛黃蜂式自走砲車以及兩輛黃蜂式彈藥補給車（攜彈 90 發）。

　　黃蜂式自走砲的任務，有別於驅逐砲或突擊砲，主要還是用於提供裝甲部隊適切、即時的間接火力支援，屬於隨伴砲兵的角色；如果不幸和敵軍的戰鬥車輛不期而遇，也能改發射穿甲彈戰鬥。

圖 5-11：II 號輕型戰車的角色很難在裝甲部隊中找到定位，加上日後升級的空間有限，在歷史上的篇章反而少於 I 號戰車。（Photo ／ Bundesarchiv）

6　是萊茵金屬的子公司，於 1937 年在柏林成立，主要開發和生產裝甲履帶車輛。

32. 難以成為主力的存在：III 號戰車

作為德國裝甲部隊發展的關鍵人物，古德林當初規畫預計在二戰爆發前夕，研發出兩款中型戰車：III 號戰車要作為主力戰車，主要的功用是和敵軍的戰車對抗；而 IV 號戰車則主要以火力來支援步兵作戰，因此兩者在車裝火砲的運用上有所差別。就這樣，III 號戰車扛起了戰爭中期德軍主要的戰車對抗重任，後隨著戰況發展，礙於車體初期設計的限制，也很快的無法再承擔此任務。

不過 III 號戰車（正式編號為 Sd.Kfz. 141）所有的衍生型號加總起來，的確是二戰時期德國戰車的主要中堅力量。在設計之初，除了被賦予未來德軍主力戰車的角色，也是當時鼓吹創立德國裝甲部隊的古德林所渴望的，**一款足以在未來與英、法、蘇聯一較高下的真正主力戰車。**

當初在開發時，為了應付「國際聯盟」（League of Nations）的檢查，還將該車以「ZW」（Zugführerwagen，德語「排級指揮車」之意）代號作為對外的掩護。在 1935 年時，陸軍向多家公司發出開發計畫，廠商包括：克虜伯、MAN、萊茵金屬，與戴姆勒・賓士。

另外，雖然「歐寶」（Opel）與「福特」（Ford）是當時最大的汽車製造商，並擁有大量生產經驗，不過因為它們的母公司是美國，所以被刻意排除在邀約名單之外。

「號稱」主力戰車，產量卻少得可憐

因為同時請多家公司設計研發，因此會有各家外型不太一樣的情況出現，懸吊系統更是讓人眼花撩亂（例如：A 型採用扭力桿懸吊方式，搭配 5 對直徑較大的路輪，而 B 到 D 型則採用

葉片式彈簧懸吊，搭配 8 對直徑較小的路輪）；最終 III 號戰車在螺旋彈簧、板狀彈簧、扭力桿懸吊中選擇了扭力桿懸吊系統，也讓它成為世界上第一款使用扭力桿懸吊的戰車。

採用扭力桿懸吊的優勢在於**體積小、行程遠、保養簡易、壽命長**，同時可減輕在複雜地形行駛時的顛簸、提高乘舒適性和射手瞄準時的穩定性。不過缺點在於損壞時更換不易，維修時需要專門設備。

該車在火力安排上也經過一番折騰，因為古德林認為 37mm 砲無法在未來的坦克戰中取得優勢（當時英國的 Mk.I／II 巡航戰車搭載 40mm 的 2 磅砲、法製的 S-35 型戰車安裝 47mm 砲、美製的 M2 輕型戰車安裝 37mm 砲、蘇製 BT-7 戰車則安裝 45mm 砲）；但是軍備局卻著眼於換裝 50mm 砲將會使 III 號戰車重量增加，還有統一後勤的考量（當時 37mm 砲已經是成熟的產品，也能與步兵彈藥標準化，減少後勤負擔）。

但古德林可不是一位好打發的軍官，幾經辯論之後，雙方才得出折衷方案，**就是一樣安裝 37mm 的火砲，但是車體在砲塔環的尺寸部分預留後續升級空間。**不過在這樣的反覆爭論下，也讓 III 號戰車正式投產的時間一再延宕，才會造成當時德軍在入侵波蘭時，能夠真正投入作戰的 III 號戰車僅有 98 輛（主要是 D 型）、法國戰役開打時也只有 350 輛，也難怪要委屈 II 號戰車來挑起大梁了。

不過等到西線戰役一開打，德國的 III 號戰車在與英、法軍的戰車對戰時，37mm 火砲馬上露出疲態（波蘭戰役時，德軍裝甲部隊面對的主要是波蘭龐大騎兵部隊的衝鋒，II 號、III 號戰車的火力還可以應付），第一線裝甲部隊反而得倚賴戰場指揮官的即時命令，或戰車車長的經驗與智取，才能一再保持德軍裝甲矛頭的攻擊衝力，這再次印證了古德林的遠見（見下頁圖 5-12）！

圖 5-12：III 號戰車 H 型是第一款在設計時就搭載 Kw.K 38 型 42 倍徑的 50mm 坦克砲的戰車，較先前 A～G 型安裝的 37mm 主砲威力強大外，主要是該型戰車砲是半自動，在射擊後的後膛會保持打開狀態，以利裝填手能更快速的裝填下一發砲彈。（Photo ／黃聖修）

能夠潛水 6 公尺，可惜無緣攻英

Ⅲ號戰車的設計在當時算是相當先進，車輛空間設計規畫明確，乘員編制為 5 名：車長、射手、裝填手、駕駛手、通信兵，這樣的車內分工，讓德軍裝甲兵在無形中具有更高的作戰效率，也成為後續德軍主力戰車車組成員的正式編制模式。

也因為Ⅲ號、Ⅳ號戰車同時研製，在砲塔外觀設計上有許多雷同之處，例如在砲塔的左、右側均設有一個雙開式的艙口，在無敵情威脅的情況下，一般行駛時可以讓射手與裝填手將上半身露坐於車外。而車長的環形艙蓋，具有環狀凹凸夾層的設計，內裝有 5 組觀測鏡。並且由於車長指揮塔位置較高，得以讓車長環視四周，避免作戰時探頭觀察敵情而遭致傷亡。

車側安裝有無線電的天線座，搭載的是 Fu 5 型無線電（高頻 HF ／低頻 VHF 收發器），通信頻率範圍為 27 ～ 33.3MHz，發射功率為 10 瓦。能提供 125 個無線電頻道，通常搭配 2 公尺的天線，是二戰時期德國戰車或裝甲車輛普遍的通信裝備，也是排級和連級戰車之間的標準通信設備。

雖然在日後「海獅作戰」（Unternehmen Seelöwe）的準備階段，Ⅲ號戰車也曾以「潛水戰車」（Tauchpanzer）的任務做過試驗。為了在登陸艇搶灘後讓戰車順利自行登岸加入作戰，這種潛水艇版本的Ⅲ號戰車能靠額外裝置的呼吸管（長 18 公尺、直徑 20 公分）在 6 公尺（20 呎）的水深下行走（可在水下行駛 20 分鐘，最大潛航速度每小時 6 公里），但可惜渡海攻英的計畫最後無疾而終[7]。

後在 1943 年所生產的 M 型，還會在工廠直接加裝 5mm 厚的裝甲側裙，其中大部分的Ⅲ號 M 型戰車都被改裝成突擊砲，或 N 型戰車（換裝短管的 24 倍徑 75mm 砲版）繼續苦撐（見下頁圖 5-13）。雖然Ⅲ號戰車在戰爭中期面對盟軍的戰車已感到力不從心，但隨後的衍生型與改進型，還是讓德軍在二戰中各戰場廣泛使用，

圖 5-13：塗裝為「德國非洲軍團」（Deutsches Afrikakorps，縮寫為 DAK）第 15 裝甲師的 III 號 M 型戰車。III 號戰車在 G 型以後便陸續派赴北非協助隆美爾作戰，為了適應非洲沙漠炎熱的氣候，在車體上得做一些改進，包括：散熱裝置、空氣濾清器、汽油濾清器、風扇檢修孔等，以應付北非沙塵對戰車妥善率造成的威脅。（Photo ／黃竣民）

其改良和衍生的型號一直服役到二戰結束，算是一款非常長壽的車款。

征法戰役結束後，德國人試圖修正Ⅲ號戰車的一些缺點，尤其在裝甲和火力方面。希特勒下令把Ⅲ號戰車上疲弱的 37mm 主砲換裝為 60 倍徑的 50mm 主砲，但兵工署膽大包天，竟私下陽奉陰違只換上短了一截的 42 倍徑 50mm 主砲（射速每分鐘 20 發），從量產的 H 型開始都是標配此火砲。這件事希特勒直到 1941 年 2 月才知道，他因此非常生氣，事後也難以忘懷。

一直到 1941 年 12 月，KwK 39 型 60 倍徑的 50mm 主砲才運抵兵工廠組裝，從Ⅲ號戰車 L 型之後的車款才將此門火砲設為標配。KwK 39 型 60 倍徑的 50mm 主砲，具備初速更高、貫穿力更強的性能，副武裝為 2 挺 7.92mm 的 MG34 型機槍。儘管 KwK 39 型火砲有著較長的砲管、更高的初速（使用硬芯穿甲彈的砲口初速達每秒 1,130 公尺）和更強的貫穿力（1,000 公尺距離對傾斜 30°鋼板的貫穿力為 38mm）、

砲管壽命 8,000 發、交戰距離 1,300 公尺，卻依然不能在對紅軍的 T-34 和 KV-1 戰車作戰中取得火力優勢。同時因為火砲口徑加大，車內所能攜帶的彈藥數量減為 84 發。

德軍後來為了提高Ⅲ號戰車的生產效率，所以將一些設計予以簡化，但是當戰場向東擴張、甚至美國開始軍援跟參戰之後，德軍裝甲部隊在東線面對龐大數量的 T-34 中型戰車，與西線大批美援的 M4 中型戰車時，即使是 50mm 砲也顯得疲弱不堪，Ⅲ號戰車的實質戰鬥力也不再那麼可靠。

此外，戰車本身的砲塔環尺寸也已達到極限，無法再安裝火力更強的長管 75mm 砲（因為如果要換裝更強力的長管 75mm 砲，砲塔環的直徑就需要 1.65 公尺，後座力也增大，而Ⅲ號戰車的底盤已不具備這樣的升級空間），導致Ⅲ號戰車得退居到二線的命運，無力擔任主力戰車的角色。

所以Ⅲ號戰車的終極版，也就是 N 型，**反**

而不再強調主力戰車的角色，而改為充當步兵的火力支援戰車，它換上了先前Ⅳ號戰車使用的 KwK 37 型 24 倍徑 75mm 短管砲。隨著戰爭進行到中、後期，搭載 75mm 長砲管的Ⅳ號、Ⅴ號和搭載 88mm 砲的Ⅵ號重戰車成為地面戰主角後，Ⅲ號戰車 N 型也越來越多被使用在支援步兵的任務上（見下頁圖 5-14）。

　　Ⅲ號戰車，儘管在戰爭中期之後已無法在戰場上衝鋒陷陣，但是以其底盤所衍生出來的Ⅲ號突擊砲（Sturmgeschütz Ⅲ），卻成為另一種致命武器，甚至打出另一波威名。**有許多位德軍的戰車王牌，初期甚至都是突擊砲背景出身的**，其中最有名的當屬米歇爾·魏特曼。

　　會有這樣的演變，其實是第一次世界大戰時，德軍步兵缺乏能有效摧毀敵軍堅固工事、掩體或碉堡的利器，因為當時的砲兵很笨重，就連跟上步兵推進速度的能力都沒有。雖然德軍混合編組的突擊隊非常重視速度和突襲，但如果不能為他們提供足夠的近距離火力支援，

將導致在攻擊敵人據點時損失慘重，甚至在奪占目標之後也無法鞏固，因此機動型的火砲就被視為解決這個問題的方法。

　　雖然早在 1927 年時，德國軍方就曾經在全履帶式的拖拉機上試著安裝一門 77mm 火砲充當自走砲，但出於多種原因（如缺乏資金、軍事項目優先順序等），讓這樣的實驗工作不得不停止。後來到了二戰前（1935 年），當時還官拜上校，後來成為德國三大名將之一的封·曼斯坦，便提交一份報告給參謀總長貝克（Ludwig Beck）將軍，建議引進一種機動性強、防護性良好、裝備精良的自走砲，在步兵師麾下建制 3 支各下轄 6 輛突擊砲的砲兵連。

　　該案被批准後，1936 年 6 月中旬，戴姆勒·賓士公司被命令開發一款能安裝 75mm 砲的火力支援車輛，以職司步兵直接火力支援的單位，所以後來德國陸軍中「突擊砲兵」（Sturmartillerie）才有了發展的基礎，**而封·曼斯坦後來也就有了「突擊砲之父」的稱號。**

圖 5-14：III 號戰車 N 型的特徵，在於搭載的是 KwK 37 型 24 倍徑 75mm 砲（備彈 64 發），也是 IV 號戰車當初設計作為步兵支援火力的主要火砲型式，兩種戰車型號戰場角色的轉換，其實是有一點意外，卻又不得不的抉擇。（Photo ／黃竣民）

德國最初設計用於支援步兵火力用的Ⅲ號突擊砲（官方編號為 Sd.Kfz.142），是搭載 StuK 37 型 24 倍徑短砲管的 75mm 榴彈砲[8]，而不是後來普遍看到的 48 倍徑長管 75mm 砲（見第 246 頁圖 5-15）。

少了砲塔更便宜，對上戰車也不落下風

當時對於突擊砲的設計要求主要包括：安裝一門固定式的砲架（取代砲塔）；火砲射界左、右各 12°，並為乘員提供頂部保護；車輛高度不超過一般士兵的身高；建造工時較戰車短、成本比戰車低廉等。

雖然Ⅲ號突擊砲並未參與 1939 年 9 月在波蘭的戰鬥，但從作戰經驗中也能發現這種功能的車輛需要，因此波蘭戰役結束一個月後，軍械局（Waffenamt）便下了 280 輛的訂單。

當西線戰事在 1940 年 5 月 10 日開打後，德軍的第一支突擊砲連便在「色當戰役」（Battle of Sedan）立下戰功。

5 月 14 日在布爾森（Bulson）山脊一帶的戰鬥中，法軍以 FCM 36 輕型步兵戰車發起攻擊，試圖奪回失去的陣地並擊退第 19 裝甲軍，德軍使用的 37mm 反坦克砲很難摧毀這些法國戰車，所幸配屬給「大德意志團」（Grossdeutschland Regiment）的第 640 突擊砲連，連同由 12.5 噸履帶車所牽引的 88mm 高射砲穩住了戰線。

在法國戰役結束後，第 640 突擊砲連便改編成為「大德意志團」的建制部隊，並更名為第 16 突擊砲連。而在法國戰役結束後所檢視的回饋報告中，Ⅲ號突擊砲取得了優異的戰果，因此軍方要求增加產量。尤其是後來在東線面臨紅軍大量的 T-34 戰車後，換裝長砲管 75mm 砲的Ⅲ號突擊砲，**在 1942 年後不僅是一款支援步兵的利器，同時具備強大反坦克作戰的能力。**

隨著突擊砲在各戰場上的需求量大增（因為生產突擊砲比生產戰車來得便宜，兩者對比約為 82,000：105,000 帝國馬克，生產工時也

更短），號稱是Ⅲ號突擊砲主力版本的G型（正式編號為Sd.Kfz.142／1），從1942年12月～1945年4月，共生產了八千四百多輛，這個數量基本上已是Ⅳ號戰車的總生產量了。在盟軍日益嚴峻的轟炸干擾下，軍工廠還能繳出這樣的成績單，實在得歸功於生產組裝的效率。

作為戰車替代品，卻打出自己的名聲

由於德軍在戰爭後期的戰車數量始終不足，因此大量生產突擊砲與驅逐坦克作為戰車的替代品，而大量參戰的結果，也就順勢湧現出一批突擊砲界中的王牌。根據統計，在整場戰爭期間，**各型Ⅲ號突擊砲一共擊毀了超過21,000輛敵軍戰車**（光是獨立第667突擊砲營，在1942年8月到1943年11月作戰期間，就累積擊毀超過1,000輛俄軍戰車），證明了雖然突擊砲在本身設計上有先天的缺陷（缺乏全迴式的砲塔，大幅降低戰場運用的彈性），但這些德軍中的王牌還是將這種兵器的威力發揮得淋漓盡致。

除了榜首的佛列茲·朗（Fritz Lang），在第232突擊砲營服役期間，擊毀了113輛戰車之外，波多·海因里希·斐迪南·奧托·史普蘭茲（Dr. Bodo Heinrich Ferdinand Otto Spranz）上尉的戰績則是76輛，雖然個人也負傷9次，但也成為國防軍中最成功的突擊砲指揮官。

其他操作Ⅲ號突擊砲取得擊毀50輛以上戰績的官兵更多達12位，這些包括：擊毀68輛戰車的雨果·普里莫齊奇（Hugo Primozic），他的傳奇戰績是在一天內擊毀24輛戰車，在5個月的作戰期間擊毀了60輛敵軍戰車，要不是調回學校擔任教官職，不知道還會有多少敵軍戰車慘遭他的毒手。

擊毀66輛的約瑟夫·威廉·布蘭德納（Josef William Brandner），還有在兩天內就幹掉42輛蘇軍戰車的佛列茲·艾米林（Fritz Amling）等。即便是外銷給芬蘭陸軍使用的Ⅲ號突擊砲，在對抗蘇聯入侵的戰績也很優異，芬蘭陸軍共

擊毀了 87 輛蘇軍戰車,而本身僅損失了 8 輛突擊砲。

但是越到戰爭末期,作戰損耗造成官兵的素質下降及其他因素,致使這一類無砲塔的突擊砲不再如此英勇。不過整體而言,III 號突擊砲所繳出的成績單仍算是相當成功。即使在二次大戰結束之後,還有一批 III 號突擊砲被蘇聯轉手給敘利亞軍隊使用,所以**在後續的「六日戰爭」中,還可以見到 III 號突擊砲的參戰紀錄**,不過那已經是終戰後又一個世代的事了,這些裝備無法再繳出二十幾年前那樣輝煌的成績。

而換裝 LeFH 18 型 105mm 榴彈砲的 III 號 42 型突擊榴彈砲(StuH 42),則算是初期短砲管 75mm 砲的強化版,更是步兵部隊掃除前進障礙強而有力的支援性武器。在作戰報告中顯示,先前 24 倍徑短管的 75mm 砲,其爆炸威力或對堅固工事的摧毀力皆不足,因此才催生出這款火力支援與防禦均好用的武器載具(見第 247 頁圖 5-16)。

從 1942 年 11 月起,這一款 42 型的突擊榴彈砲車就被編入突擊砲營中,主要擔任野戰機動砲兵的角色,提供間接支援火力給前線步兵。該車的最大有效射程為 5,400 公尺,不過以戰場經驗來說,需要打擊的目標通常不會超過 2,000 公尺。在德軍的編制裡,每一個突擊砲連的排級會有 4 輛 42 型突擊榴彈砲,到戰爭結束前,約生產了 1,300 輛這樣的車款。

7　德軍在 1940 年 7 月組建了 2 支戰車營(共有 168 輛 III 號戰車、42 輛 IV 號戰車被編入),分別成為第 18、28 戰車團。它們沒在征英時派上用場,反而卻在隔年的巴巴羅薩行動的最初幾個小時,被用來渡過布格河(Bug)。

8　這款車裝短管的 75mm 砲,被德軍官兵暱稱是「菸屁股」(Stummel)。

圖 5-15：這一款 III 號突擊砲 G 型，也是 III 號突擊砲的最終型號，採用了 III 號戰車 M 型底盤的它，也是 III 號突擊砲中生產數量最多的型號（近 8,000 輛）。（Photo ／黃竣民）

圖 5-16：在右側前擋泥板塗裝第 242 突擊砲營第 2 連符號的 III 號突擊榴彈砲車，搭配了倒梯形的砲盾與大型車裝無線電天線，以具備較長的通信距離，實現對第一線步兵火力支援的任務。（Photo ／黃竣民）

33. 二戰德軍軍馬：IV號戰車

為了規避《凡爾賽條約》中禁止發展與生產戰車的規定，德軍的 IV 號戰車最初以中型拖拉機為代號設計，後來改以「營長指揮車」（Bataillonsführerwagen，縮寫為 BW）為掩護繼續研發。

德軍二戰真正主力

IV 號戰車（正式編號為 Sd.Kfz. 161）最原始的定位，是擔任步兵火力支援的角色，所以初期搭載短管 75mm 砲，後來為因應戰場需求衍生出的改良型，才開始換裝火力更強的長管型 75mm 砲。

在二戰的中、後期，IV 號戰車在戰場上成為中堅力量，雖然這個光環沒有持續多久，**隨後在多款重戰車陸續加入戰局的影響下，IV 號戰車的綜合戰鬥力只能成為配角**，並繼續在各戰線上默默苦戰，最終成為德軍官兵口中的「軍馬」（Workhorse）。

IV 號戰車從投產至二戰結束，包括其相關衍生型在內一共生產了超過 8,500 輛，也幾乎參加各戰線的所有戰役。因為整體可靠性表現不差、改裝空間大，也沒有像後期新款戰車的技術問題，就普遍的認知而言（參戰數量、服役時間），**IV 號戰車才真正是二戰時期德國裝甲部隊的主力車款**。如果與 III 號戰車相較，IV 號戰車的衍生款式顯得較為多樣，不僅有突擊砲而已，其他諸如：驅逐砲、自走砲、防空砲等也都充斥在各戰場。

雖然人們普遍認為，德國人擁有發達和先進的工業能力，但就 1930 年代研製戰車的實力，實際的情況並非如此。不過這段時期讓德國戰車設計師累積的寶貴經驗，或許才是日後

德國戰車能在短時間內大放異彩的重要關鍵。

以Ⅳ號戰車而言，小批量生產的 A 型（35輛）就讓克虜伯公司人仰馬翻，花費約半年左右的時間。從這點就足以證明，**當時，至少在二戰開戰之前，諸如克虜伯這些兵工廠根本沒有能力大規模生產戰車**。不過，在Ⅳ號戰車早期的開發過程中，該計畫的參與者應該也都沒料到，原先所設計的中型火力支援戰車，竟然會在日後變成德軍在大部分戰場上的中流砥柱。

隨著希特勒主導戰爭，德國裝甲師在入侵波蘭前的組織編裝，一個裝甲師基本上由兩個戰車團組成，而每個戰車團都以下轄 4 個戰車連的兩個戰車營組成。

雖然這些裝甲單位的編裝設定，本來就是配備Ⅲ、Ⅳ號戰車，但由於這兩款中型戰車的生產速度實在太緩慢，導致這樣的編裝根本不可能實現。因此，早期的裝甲師不得不裝備火力疲弱的Ⅰ號、Ⅱ號戰車，還有繳獲自捷克的 35(t) 和 38(t) 型戰車充當替代裝備。

回溯 1939 年 9 月 1 日德國入侵波蘭時，新生的德國裝甲部隊主要家當只有 1,445 輛Ⅰ號戰車、1,223 輛Ⅱ號戰車、98 輛Ⅲ號戰車和 211 輛Ⅳ號戰車。**德國裝甲師中的現代化戰車，比例根本不到 10%**。第 1 裝甲師的編制類型大致為每營 17 輛Ⅰ號戰車、18 輛Ⅱ號戰車、28 輛Ⅲ號戰車，與 14 輛Ⅳ號戰車。

以戰車擊沉驅逐艦的壯舉

其餘裝甲師的戰車營則都裝備過時車款，主要是 34 輛Ⅰ號戰車、33 輛Ⅱ號戰車、5 輛Ⅲ號戰車和 6 輛Ⅳ號戰車。儘管波蘭軍隊中，火力足以貫穿德國輕型戰車的像樣戰車不到 200 輛，但來自波蘭反坦克砲的威脅卻更大，因此更加深了Ⅳ號戰車在德軍中密接支援的價值。

進入到法國戰役初期，英、法軍的戰車防護力一直是讓德軍裝甲部隊頭疼的問題，為了對抗諸如英軍步兵戰車厚重的裝甲，德軍原有替Ⅳ號戰車換上 KwK 39 型 60 倍徑 50mm 戰

圖 5-17：埃里克·蘭哈默上士的 IV 號戰車砲塔後方，繪有擊沉驅逐艦的特殊標誌，源自征法戰役中的一段意外插曲。（Photo ／ Herr Franz Steinzer）

車砲的計畫，不過後來因戰況超乎預期的順利，這個案子最終胎死腹中。

在征法戰役期間，也曾發生過一件有趣的戰例，當時隸屬於第 2 裝甲師第 3 戰車團第 4 連的 IV 號戰車，由車長埃里克‧蘭哈默（Erik Langhammer）上士指揮，竟然一路推進到布洛涅（Boulogne）港附近，與盟軍護衛船團的驅逐艦互相開火，在持續約 10 分鐘的戰鬥後，**驅逐艦遭到 IV 號戰車 75mm 砲彈數次命中，損傷嚴重，並在數小時後沉沒**。這是罕見的由戰車幹掉軍艦的驚人壯舉，一般而言，軍艦對上戰車都是完勝，後來德軍在義大利戰場的表現就是明證，雖然德、英雙方後續對此奇案也都沒有多做評論就是了（見第 250 頁圖 5-17）。

希特勒在收拾完法國之後，除了望向海峽另一邊的英國，下令各軍種部隊加強渡海作戰的準備外，另一面也想跟東邊的俄國交好，以避免未來在動手時陷入後院失火的窘境。這一點，德國人倒是處心積慮的預防著，但後來因

為德國空軍遲遲未能取得英吉利海峽的制空權，所以「海獅行動」便被無限期推遲了下來。

德俄之間合作的氣氛也相當詭異，自從一起瓜分波蘭之後，德國忙著西線戰役的準備工作，俄國也不斷趁機撈油水，包括占領波羅的海三小國、進攻芬蘭、強迫羅馬尼亞割讓貝沙拉比亞（Bessarabia）等。

1941 年春季，希特勒允許一支俄國軍事代表團到德國參訪戰車訓練學校和兵工廠，還特別指示，對這些俄國佬無須有任何隱瞞。而當俄國人看到德軍當時最重型的 IV 號戰車時，簡直無法相信所見，更一再堅稱德國人對他們最新的戰車設計有所隱藏。

這樣的推論相當明顯，**那就是俄國人早已經有了比德國更新、更重、更好的戰車了……**而這個謎底也在當年（1941 年）7 月揭曉，德軍裝甲部隊終於見到日後他們在東線戰場的死對頭—— T-34 戰車[9]！

為因應戰場擴大後，對各地天候條件的適

應性，該車款後續為了在炎熱的沙漠地區執行任務，改良了戰車尾部的通氣口（見第 254 頁圖 5-18）；派往東線作戰的型號，則加裝冷卻液的加熱裝置，及啟動液噴射裝置，因為在蘇聯冬季嚴寒氣候下，得加裝一個冷卻水交換器，將熱的冷卻水打入另一輛車輛的冷卻迴路，以抵消在天冷時啟動困難的問題。

在北非戰場，自從 1942 年 8 月「沙漠之狐」隆美爾接收到 27 輛 IV 號 F 型戰車後，這些搭載長砲管 75mm 砲的戰車幾乎打遍天下無敵手，一度讓德軍在裝甲火力上取得短暫優勢。只可惜，德軍這款主力戰車在數量上實在是杯水車薪，**相較於英、美盟軍充足的戰車數量，外加喪失制空權、後勤補給匱乏，註定了軸心國軍隊在北非戰場無以為繼的命運**[10]。而在東線，面對紅軍的數量優勢，升級為 75mm 長砲管的 IV 號 H 型之後的戰車，才擁有對抗 T-34 和 KV 戰車的實力（見第 256 頁圖 5-19）。

以 IV 號戰車而言，D 型才是真正定型後量

產的版本，在西線戰役的檢討報告看來，IV 號戰車可以抵擋 37mm 砲射擊，但面對盟軍的 47mm、50mm 砲時，就顯得防護力不足，因此西線戰役結束後，便開始進行提升 IV 號戰車裝甲的方案。

自 1942 年起，德軍在 IV 號戰車上加掛附加裝甲，以提升原本薄弱的防護力，從車體正面即可看出，駕駛手與無線電操作手座艙，均多加裝了一片裝甲，另外車體上部的砲塔兩側，也裝有 8mm 厚的裝甲側裙，以抵抗敵軍輕裝步兵日益普遍的反裝甲武器威脅。儘管德軍在生產 IV 號戰車時，不時會遭遇原料短缺的問題，使品質降低，但德國在車體表面處理的工藝較其他國家精良，使得 IV 號戰車的鋼板抗彈性依舊保有高水準（見第 260 頁圖 5-21）。

根據英國一次「布氏硬度（Brinell scale）測試」的資料顯示，**IV 號戰車 G 型的正面裝甲的布氏硬度達 520，為常見不鏽鋼的兩倍以上**，也是當時德軍的戰車中硬度等級最高者。與同時

期美軍主力的 M-4「雪曼」（Sherman）戰車相比，**M-4 戰車需在 100 公尺內才有可能擊穿 IV 號戰車 G 型的正面裝甲（見第 257 頁圖 5-20）。**

IV 號戰車的戰鬥力之所以能大躍進，主要是因為從 1943 年的春季開始，IV 號戰車就換裝萊茵金屬公司所生產的 KwK 40 型 48 倍徑 75mm 戰車砲，這又比 F 型所搭載的 KwK 40 型 43 倍徑 75mm 戰車砲更具威力，也成為後續 IV 號戰車的標配火力。

該款火砲採用 PzGr 40 型穿甲彈時，砲口初速達到每秒 1,060 公尺，比蘇製的 T-34 ／ 76（每秒 950 公尺）與美製的 M3 中型戰車（每秒 619 公尺）更高，穿甲威力也更大（面對 1 公里外的垂直鋼板時，更新後的 IV 號戰車可擊穿 97mm；T-34 ／ 76 為 51mm、M-3 中型戰車則為 60mm）。

值得一提的是，在二戰時期的德國戰車中，只有 IV 號戰車的砲塔為電動驅動，該裝置藉由一個旋轉軸承支撐及協助，動力則來自一臺後備 15 匹 2 缸的 DKW 二衝程循環馬達，因此即使在車輛的主引擎未發動時，砲塔還是可以作動旋轉。

在 III 號戰車整體性能逐漸不符二戰中期的戰車作戰需要時，**IV 號戰車因為使用了較大的車體（乘員舒適性大增）、較成熟的技術，而使得它有更大改良的空間**，也在不斷改進的過程中，IV 號戰車從一開始擔任步兵火力支援的任務轉型，變成突擊砲、驅逐砲、自走防空砲、自走砲等，逐漸成為德軍各部隊的主力車種。

儘管 IV 號戰車在各戰場上任勞任怨的作戰，卻未能湧現出一批戰車王牌，如果硬要從戰績中挑選出該戰車最具有代表性的擊破王，那黨衛軍第 2 裝甲師（帝國師）的埃米爾·塞博爾德（Emil Seibold）上士，應該算是一位傳奇性的人物。他的裝甲兵生涯由擄獲的 T-34 戰車組成的第 2 裝甲團開始，在二戰期間，他一共擊毀了 69 輛敵軍戰車。

別以為第三帝國在二戰 1945 年被終結後，

圖5-18：塗裝為德國非洲軍團第15裝甲師第8裝甲團的Ⅳ號D型戰車，隨著隆美爾率軍加入北非戰局，這批Ⅳ號戰車改良了通風系統以應對高溫，並增加了砂濾器以防止沙塵進入發動機。（Photo／黃竣民）

德國戰車就沒戲唱了，事實非常耐人尋味，因為在二戰期間出口的德國戰車，其中以Ⅳ號戰車為最大宗（此外還有Ⅲ號突擊砲、Ⅳ號驅逐砲、胡蜂〔Hummel〕式自走榴彈砲等），被敘利亞透過不同的管道進口（包括法國、捷克斯洛伐克、西班牙、羅馬尼亞等地）用來對付以色列。**這也是德國戰車最後一次在世界戰場上奔馳，時間已經是德國投降後 22 年了。**

戈蘭高地上的德國戰車最後以慘不忍睹收場，或許它們在中東戰場上出現是對德國工業的一種肯定，但把這些二戰時期的戰車用於冷戰時期，難免令人產生跑錯棚的感慨。

因為根據資料，雖然以敘兩國都有使用源自二戰的古董貨，但在面對以色列將雪曼戰車升級後的 M50 和 M51 戰車（換裝新的美國發動機，以及裝有以色列電子設備、由法國製造的 75mm 主砲改裝而成的砲塔）時，使用Ⅳ號戰車等大雜燴的敘利亞裝甲部隊完全被打得潰不成軍。在「六日戰爭」結束後明顯可以看出，

二戰裝甲車在冷戰戰場上幾乎已無立足之地。

東線戰場救火隊：Ⅳ號驅逐砲

以突擊砲而言，雖然Ⅲ號突擊砲深受官兵喜愛，以Ⅳ號戰車底盤改裝而成的突擊砲原本不被看好，但 1943 年 11 月負責組裝Ⅲ號突擊砲的阿爾克特工廠受到盟軍轟炸，造成Ⅲ號突擊砲產量大幅下降（從 255 輛降至 24 輛），為了彌補戰場上這種寶貴資產的不足，Ⅳ號突擊砲才獲得起死回生的機會。

因為Ⅳ號戰車 H 和 J 型的底盤與Ⅲ號突擊砲的上層結構契合度極高（唯一需要大幅修改的是駕駛艙），可共用的零件和技術也不少，最後由克虜伯公司來生產這批武器。第一批生產的Ⅳ號突擊砲，後來被提供給在東線作戰的第 311 突擊砲旅。總結來說，Ⅳ號突擊砲被設計為Ⅲ號突擊砲的臨時替代品，**火力強、防護力高、生產容易、單價便宜**，但缺點是它沒有生產足夠的數量（不足 2,000 輛），而且經常被作為替

圖 5-19：從 1943 年 5 月開始，IV 號戰車 H 型便安裝了 5mm 厚的裝甲側裙（含砲塔），以對抗蘇軍反坦克步槍的攻擊。（Photo／劉同禮）

圖 5-20：德國非洲軍團中第 15 裝甲師所轄的 IV 號戰車 G 型，該輛戰車遭到英軍擄獲，並於 1960 年贈回給德國於蒙斯特重建的「裝甲兵學校」（Panzertruppenschule）。（Photo ／黃竣民）

代裝備從事不適合的任務，造成它的戰績與戰場聲望沒有那麼突出。

由於突擊砲改變了原本砲兵的戰術，它們既可以提供火力支援，又可以執行伏擊和反坦克等較多樣性的任務，軍方在認識到這些優勢後，便想改善突擊砲頂部裝甲薄弱的缺點，並換裝威力更強大的火砲，希望與戰車同時衝鋒陷陣，扮演戰場上長矛騎兵的角色。

在這種思維下，德國人創造出來的產品，就是所謂的「驅逐砲」（Jagdpanzer）。而這些附屬作戰車輛都會用到IV號戰車底盤，因此會排擠正規戰車的生產量，這讓當時的裝甲兵總監古德林上將極力反對，不過這樣的抗議並未被採納，**因為德軍在東線裝甲部隊的車輛消耗量實在太大，沒有時間坐等真正的戰車來填補損耗**，先有這些車輛來充數，官兵們心裡還是踏實一點。

初期試作的IV號驅逐砲，搭載的是PaK 39型43倍徑的75mm反戰車砲（備彈79發），

車體上部結構可明顯看到大型的傾斜裝甲，可以在同等的裝甲厚度下提供更好的防護力。由於車高僅有1.85公尺，同時前部裝甲的厚度達到60mm（傾斜45°），因此具備較好的避彈性。為了簡化生產流程，該型號的上部結構改採楔形連結部成具套裝後，再予以焊接製造而成。

這款驅逐砲也使用邁巴赫的HL120 TRM型12缸水冷式汽油引擎，最高轉速為每分鐘3,000轉，但操作手冊建議為2,600轉，最大輸出為300匹馬力（221kW）；在一般巡航速度下，大多只會使用到265匹馬力值（195kW）。車尾在引擎兩側裝置兩個散熱器，配有強制循環馬達和攝氏80°C的冷卻液。油箱總容量為470公升（分成3個水平式並可以流通），懸吊系統與IV號戰車基本上無異，採用的也是4對路輪的結構。

其履帶材質是由錳鋼製成，型號為Kgs 61／400／120單銷式，尺寸為40公分，每一條履帶由99片所組成，履帶與地面接觸的長度約

3.52 公尺，重量為 750 公斤。在東線戰場上，進入秋季和冬季時節，履帶則會更換成寬版履帶，重量增加為 1,750 公斤，以利在雪地或泥濘地中具備有較好的地面壓力，維持作戰的機動性（見第 261 頁圖 5-22）。

IV 號驅逐砲原本設計要裝配 PaK 42 型 70 倍徑火砲，但礙於該型火砲工廠產能不足，所以早期量產的都是裝配較舊型的 PaK 39 型 48 倍徑 75mm 砲，等到後期裝配到 70 倍徑火砲時，還因為重心配重失衡（前方過重），尤其後期的正面裝甲加厚 20mm 後，車體重量增加了約兩噸（總重接近 26 噸），使其機動性與越野能力又打了折扣，**轉彎時也會因車頭過重而搖晃**，也因為這樣的情形，IV 號驅逐砲**被車組人員嘲諷是「古德林的鴨子」**（Guderian's ducks）。

IV 號驅逐砲也有出現擊破王，其中最有名的一位就是武裝親衛隊（Waffen SS）的魯道夫·羅伊（Rudolf Roy）。當盟軍在法國諾曼第登陸後，黨衛軍第 12 裝甲師（希特勒青年團師）

麾下的驅逐砲營，才剛移編就立即投入艱苦的戰鬥。因加拿大第 1 集團軍從 8 月 8 日至 13 日展開「總計行動」（Operation Totalize），其作戰目的是突破康城（Cean）以南的德軍防線，並進一步向南推進攻占法萊斯（Falaise）以北的高地。大目標是讓整條德軍戰線崩潰，並切斷德軍退路。

而羅伊和他的射手弗里茨·埃克斯坦（Fritz Eckstein）在 8 月 8 日的戰鬥中就摧毀了 8 輛敵軍戰車，次日又擊毀了 13 輛，**總共在 5 天之內繳出擊毀 26 輛敵軍戰車的驚人戰績**。可惜羅伊在「突出部之役」（Battle of the Bulge），將頭探出艙外觀察時，遭到美軍第 99 步兵師的狙擊手射殺身亡，最終擊破的紀錄止於 36 輛。

據統計，德軍在 1944 年內一共生產了七百多輛 IV 號驅逐砲早期型，並被送到各個戰場作戰。雖然這些 IV 號驅逐砲主要是由「沃格蘭機械廠」（Vogtländische Maschinenfabrik，縮寫為 VOMAG）組裝生產，然而計畫要換裝火

圖 5-21：照片中這一輛 IV 號戰車 D ／ H 型中，可以清楚看見車體正面與車側，用以提升防護力的外掛裝甲，駕駛手的觀測窗還有中空裝甲的設置。（Photo ／黃竣民）

圖 5-22：這一輛Ⅳ號驅逐砲是特殊的「0 型系列」（0-Serie），也就是預備量產前的少量試作款式。（Photo ／黃竣民）

力更強大的 StuK 42 型 70 倍徑 75mm 砲時，因為盟軍空襲造成工程延宕，所以期間也改由阿爾克特工廠生產（見第 264 頁圖 5-23）。

而該公司則運用生產線上現有的 IV 號戰車 J 型車體，安裝上高穿透力的 70 倍徑 75mm 砲，因此車身高度較沃格蘭機械廠生產的高，成為這兩款孿生車型最好辨識的外觀特徵之一。

由於其厚實的前裝甲和強大的火砲，讓 IV 號驅逐砲成為敵軍恐懼的武器，部隊的作戰報告也顯示其戰鬥力不俗：如第 311 突擊砲旅在蘇聯進攻布雷斯勞（Breslau）期間（1945 年 4 月中旬），該部所轄的 3 輛 III 號突擊砲與 1 輛 IV 號驅逐砲，就摧毀了約 10 輛 ISU-152 重型突擊砲；次日又與蘇聯的裝甲部隊交戰，總計蘇軍損失了 25 輛戰車，其中 13 輛是被孤軍奮戰的 IV 號驅逐砲擊毀。

雖然這樣的戰績不俗，但在東線戰爭後期，面對紅軍的「鋼鐵洪流」時，少數抵達前線的 IV 號驅逐砲仍不免遭大量敵軍戰車淹沒，而且由

於補給缺乏，燃料和備用零件常無法及時到位，因此有一部分還是被車組人員遺棄或自行摧毀。

綜觀 IV 號驅逐戰車的戰場表現，雖然具有低矮的車身與驚人的火力，但它們在擔任攻擊角色時，實在比 III 號突擊砲遜色。而且兩種車款功能太過相近，但 III 號突擊砲的造價更低廉，因此比較不受青睞。

不過它在從事防禦作戰時就大不相同了，車組人員非常喜歡它的火力、可靠性，和低矮車身不易被命中的防護力；尤其是後期型所搭載 70 倍徑的 75mm 砲，**讓它能夠從安全的距離摧毀盟軍所有的坦克（除了蘇聯的 IS-2 重戰車以外）**。然而，後來在德國「裝甲部隊總監」（Generalinspekteur der Panzer truppen）的報告中，同樣認為 IV 號驅逐砲並不適合作戰，應該要增加 IV 號戰車的產量以應付後續戰爭。

灰熊的榴彈，一發重達 46 公斤

除了驅逐砲以外，在擔任步兵重火力支援

任務的角色中，以Ⅳ號戰車底盤改造而成的「灰熊」（Brummbär）式突擊榴彈砲（正式編號為 Sd.Kfz.166），可說是非常成功的一款車型（見第 265 頁圖 5-24）。而先前以Ⅲ號戰車搭載 150mm 步兵砲的 33B 型Ⅲ號突擊榴彈砲車，雖然支援火力不俗，但僅生產了 24 輛，且大半都已在史達林格勒（Stalingrad）血腥的攻防戰中犧牲。

這款車罕見的由軍需部長艾伯特‧施佩爾（Albert Speer）下令研製，在Ⅳ號戰車的底盤上安裝一門榴彈砲，以跟上裝甲部隊的進攻步伐。與之前Ⅲ號突擊榴彈砲較大的不同之處，在於該車擁有很高的裝甲防護力，正面裝甲厚 100mm（傾斜 40°）、車體前方裝甲厚 40mm（傾斜 12°）、側面的上部結構裝甲厚 50mm（傾斜 15°）。

但因為沒有砲塔，火砲的射角會受到較大限制，搭載的主砲與厚重的前部裝甲，都致使車重過度集中於前段，為了瞄準必須讓車身調整左、右射角，容易使傳動系統與變速箱的負荷失衡，因而容易故障。

灰熊式突擊榴彈砲車，少見的裝配了捷克「斯柯達」（Škoda）公司所研製的 12 倍徑 150mm 榴彈砲，它使用的彈藥能與德國當時標配的 SiG 33 型榴彈砲通用。

車內一共可以裝載 38 發彈藥（採發射藥包與彈頭分離的方式），每一枚彈藥總重 46 公斤（高爆彈頭重 38 公斤，發射藥包重 8 公斤），由於該炮需以人力裝填，在某些地形上，砲彈的重量使這件事變得特別困難，也因此車組人員編制有些不同（共 5 名，分別是車長、駕駛、射手、以及兩名裝填手），射手瞄準使用的是 Sfl.Zf 1a 光學瞄準器。在榴彈砲左側，還有 1 挺 MG34 機槍，提供近身自衛時使用。

灰熊式突擊榴彈砲約共生產 316 輛，主要編成第 216、217、218、219 營等 4 個突擊砲營運用。戰場歷經蘇聯、義大利、法國、匈牙利、波蘭華沙的鎮暴，最後到德國本土的魯爾

圖 5-23：車身仍有防磁塗裝的 IV 號驅逐砲早期型（正式編號為 Sd.Kfz.162），車體正面裝甲厚 60mm、車側面 30mm、車後厚 20mm，車側還加掛有裝甲側裙。（Photo ／黃竣民）

圖 5-24：由阿爾克特公司研製出的 43 型突擊榴彈砲，盟軍為它取了個灰熊的外號，而德軍士兵反而稱其為「43 型突擊老爹」（Stupa 43）。（Photo ／黃聖修）

（Ruhr）工業區防衛戰，整體作戰表現證明，**灰熊式突擊榴彈砲是一款稱職的火力支援車輛，因此也常被當作「救火隊」使用**，投入抵禦盟軍進攻時的激烈戰場。

而德國在入侵蘇聯的作戰中，原本自恃將會以閃電戰術快速征服，卻沒有想到蘇聯廣大的土地、嚴寒的天氣、低劣的交通建設，都使預期的結果一直沒有發生。不僅橫掃西歐的裝甲雄師吃鱉，對於那些機動力更差的步兵部隊更是要命，面對蘇軍各種數量上的優勢，德軍急需機動火力支援車輛以應付廣大的防線，而胡蜂式自走榴彈砲（正式編號為 Sd.Kfz. 165）就是其中一款。

由元首親自賜名：胡蜂自走榴彈砲

胡蜂式自走榴彈砲所搭載的 sFH 18 型 30 倍徑 150mm 重型榴彈砲，也是萊茵金屬公司的產品，該門火砲是二戰時期德軍的主力重型榴彈砲（生產超過 5,400 門），每個步兵師均編制

12 門作為火力支援使用，在官兵之間被暱稱為「長青樹」（Immergrün）。

該型火砲射程為 13 ～ 15 公里（視藥包的裝藥量與彈種型式），彈藥全重 43.5 公斤，平均射速為每分鐘 4 發，砲口初速每秒 515 公尺，火砲在不使用時會架在車前的 A 字架上。在庫斯克會戰後，不論是國防軍或武裝親衛隊裝甲師的砲兵團，以一般編制而言，每個裝甲砲兵連都會配賦 6 輛胡蜂式自走榴彈砲車（備彈 18 發），並搭配 1 輛胡蜂式彈藥運輸車。

由於在東線戰場上的蘇軍火砲具備射程優勢，**該型火砲還被研發出使用火箭推進劑以增加射程，是首款使用火箭增程的火砲**，不過射程也只增加到 18 公里而已，加上精準度變差，此種改良不久後便不了了之（見第 268 頁圖 5-25）。

胡蜂式自走榴彈砲，是以 III 號、IV 號戰車混合車體所開發出來的一款自走砲，它結合了 III 號戰車的駕駛、轉向系統，搭配 IV 號戰車的引擎、懸吊系統、履帶與路輪配系，而這樣的

混合版車體後來也被「犀牛」（Nashorn）式驅逐戰車所採用。此外，**「胡蜂」這個名稱可是希特勒親自命名的！**

超越虎式的破壞力：犀牛驅逐戰車

與胡蜂式自走榴彈砲採用相同車體的犀牛式驅逐戰車（正式編號為 Sd.Kfz.164），則是部屬在幾支「重型反坦克營」（Schwere Panzerjäger-Abteilungen）的一款殺手鐧！雖然在初期它被命名為「黃蜂」（Hornisse）式驅逐戰車，後來因為車款命名習慣，才改為犀牛式驅逐戰車[11]（見第 269 頁圖 5-26）。

德軍早期在各個戰場，都有遭遇不同類型的盟軍戰車，這些對手的噸位幾乎都比德軍當時的戰車還大。而德國本身的反坦克砲，口徑也已經從 37mm、50mm 發展到 75mm，但尺寸和重量也隨之飆高。隨著德軍在蘇俄遭遇 KV 系列重戰車後，開發 88mm 口徑的反坦克砲顯得格外急迫。重量的關係讓這種牽引式火砲雖然火力強大，操作上卻犧牲了方便性與機動性，並直接影響到戰場影響力。以這門 Pak 43 型 71 倍徑的 88mm 反坦克砲而言，也因為重量過重，而被德國步兵師反坦克單位的官兵戲稱為「穀倉門」（Scheunentor）[12]！

現實的窘境是，德軍即便到 1942 年初的一線裝甲部隊，都還沒能配備一款足以伴隨部隊衝鋒陷陣的重型反坦克砲。因此，在戰爭中期後，德國人就以 Flak 41 型 88mm 砲為基礎，開發出兩種版本的反坦克砲，一種是安裝在四輪車架上的 PaK 43 型；另一種是 PaK 43／41（亦稱 PaK 43／1 型），它們都是非常有效的反坦克砲，要**應付盟軍的裝甲車輛根本綽綽有餘。**

這一門 PaK 43／41 型 71 倍徑的 88mm 反坦克砲，被安裝在中央發動機艙上方。火砲水平射角為左右各 30°、俯仰角度為 -5°～+20°。由於該型火砲只用於直接射擊，初期使用最大放大倍率為 3 倍的 Zieleinrichtung 43 SVo 型瞄準具，後來更換成 4 倍放大倍率的

圖 5-25：胡蜂式自走榴彈砲首度在庫斯克戰役現身，本車塗裝是第 19 裝甲師砲兵團中的自走砲營。（Photo ／黃竣民）

圖 5-26：犀牛式驅逐戰車的戰績輝煌，擁有極高的戰鬥交換比，更創下多次遠程擊殺的紀錄。（Photo ／ Wikimedia Commons by Alan Wilson）

Zieleinrichtung 37 型瞄準具，遠距離射擊能力有所增強，並將砲盾上的瞄準具開槽封閉。

這門火砲能使用穿甲彈、高爆榴彈、合金穿甲彈（後期因缺乏金屬而極少配發）、破甲彈等彈藥，由於其身管比虎式重戰車（Panzer VI）上的 56 倍徑 88mm 砲更長，同口徑彈藥的藥室容積更大，也因此**犀牛式驅逐戰車上的 88mm 砲甚至比虎式戰車的穿甲能力更強大，能夠在 1,000 公尺外擊穿任何盟軍裝甲車輛的正面裝甲。**

儘管犀牛式驅逐戰車的反坦克威力強大，但是在研製初期卻比胡蜂式自走砲的順位還低，歸究其原因，主要是當時高層認為犀牛只是一種臨時措施，重點還是生產正規的「獵豹」（Jagdpanther）驅逐戰車，從未打算要大規模生產該型號（產量從每月 45 輛減為 20 輛）。

儘管它的出身不算正統，但參戰後的表現並不差，只要指揮官的戰術運用不偏離太多（後來德軍也頒發了戰術運用手冊），都能交出令人驚奇的戰果；尤其犀牛驅逐砲車所創下的戰鬥紀錄，與德軍引以為傲的重戰車相比毫不遜色。在此有一些戰例可以看出它的戰鬥能力。

在有名的「維捷布斯克」（Vitebsk）戰役中，隸屬於第 3 裝甲軍團麾下的第 519 重型反坦克營，從 1943 年 12 月到 1944 年 1 月期間，犀牛式驅逐戰車協助擊退了紅軍多次進攻，**在不到 3 個月的時間內，該營摧毀了 290 輛蘇俄戰車，本身僅損失 6 輛**（其中 4 輛還是車組人員自行爆毀的）；而該型驅逐戰車的頭號王牌，就是出身於此營，擊毀戰績高達 75 輛的阿爾伯特・恩斯特（Albert Ernst）[13] 中尉。

犀牛驅逐砲車的遠射紀錄與穿甲戰例也很驚人，例如在 1944 年的義大利戰場上，它曾在 2,800 公尺外擊毀了一輛雪曼戰車；在東線戰場中，曾在 4,200 公尺處擊毀一輛 T-34 戰車；1945 年 3 月上旬，來自第 88 重型反坦克營的報告中，犀牛在 4,600 公尺距離擊毀了俄製的 IS-2 重戰車，甚至在終戰之前摧毀過美國最新

派上戰場的 T26E3 重戰車。

　　儘管犀牛驅逐戰車被證明是一種有效的反坦克武器，但它也並非完美，因為就如同其他開放式的反坦克砲車一樣，它的**車身過大，容易成為目標、防護力差、機件過熱容易導致大量發動機故障等事故**。如果加上指揮官的戰術運用不當（如將它用於攻擊），就難以發揮出他的戰場價值。

對付空襲而生：家具車防空砲

　　防空作戰方面，由於在戰爭的第一年，德軍因為戰況連連告捷，對自走防空高射砲的興趣並不大；後來隨著各戰場戰況逐漸趨於不利，**盟軍掌握空中優勢之下，德軍對機動力強的自走高射砲需求迫切性才大大增加**。

　　為了因應盟軍對德國本土日漸增加的空襲，德國空軍被迫將大部分的戰鬥機調去執行攔截作戰任務，造成地面部隊在作戰行動上，遭受盟軍戰機襲擊的機率大增，許多作戰因此以失敗收場，而且是越到戰爭末期越嚴重。於是在 IV 號戰車的衍生型上，也有了搭載防空高射砲的款式出現。

　　由 IV 號戰車底盤（主要是 H 和 J 型）改裝推出的這一款，是素有「家具車」（Möbelwagen）之稱的自走防空高射砲。

　　該車戰鬥部是 10mm 厚的方型中空式裝甲板（後來裝甲厚度提升至 20mm），內置一門 FlaK 43 型 89 倍徑的 37mm 高射砲。**這個方形裝甲可以隨意打平放置或收起，讓砲塔內的高射砲得以進行 360˚全方位射擊**（見下頁圖 5-27）。

　　該車編制車組人員為 7 人，攜帶彈藥 416 發，車重 25 噸。本車約生產了 240 輛，並在 1944 年 6 月陸續撥交給裝甲師防空部隊使用，隨後**因為該車款無法兼顧乘員安全及射擊範圍**，待更新款式的自走防空砲車出現後，「家具車」防空戰車便逐漸被淘汰。

圖 5-27：由 IV 號戰車底盤改裝的家具車防空砲，短暫承擔起德軍失去制空權後，機械化部隊的隨伴掩護重任。（Photo／黃竣民）

圖 5-28：搭載四連裝 20mm 高射砲的旋風式防空砲車，其平射的威脅能力恐比對空作戰還高。（Photo ／黃竣民）

打不到飛機，擅長打人：旋風防空砲車

　　而以IV號戰車為基礎開發的第二款自走防空砲車，被稱為「旋風」（Wirbelwind）式防空砲車。1944年初夏時，武裝親衛隊第12裝甲師的卡爾．威廉．克勞斯（Karl Wilhelm Krause）[14]上尉，向他的裝甲團團長馬克斯．溫舍（Max Wünsche）提出了四連裝高射砲的概念，後來得到希特勒批准製造。

　　該構想是在IV號戰車的底盤上，加裝開放式的九角型砲塔，因此有「餅乾罐」（Biscuit Tin）之稱，並裝備萊茵金屬公司製造的Flak 38型四連裝20mm機砲。該型4管高射砲的每個砲管都有獨立彈匣，內裝20發砲彈，射擊俯仰角度從-12°～90°。

　　表定每分鐘1,400發的最大射速，實際上只有800發（這仍然需要每6秒就更換一次彈匣），具備半自動或全自動射擊模式，有效射高為2,200公尺，能射擊高爆彈、曳光彈、自毀彈、穿甲曳光彈、鎢芯高速穿甲彈等（見第273頁圖5-28）。

　　因為砲塔沒有電力驅動的旋轉裝置，人工操作的迴轉速度，**經常無法追瞄臨空的盟軍戰鬥轟炸機**。而且在砲塔內的3名砲組人員（1名射手以及兩名裝填手），只能靠車外的車長指揮，以致射擊協調與溝通不足，**整體防空作戰的效率上反而比家具車式防空砲車還要差**，在野戰防空作戰的表現上並不理想。

　　再者20mm與37mm口徑的機砲相比之下，明顯在射程跟彈藥威力上都偏低，所以旋風式自走防空砲車還是被後來裝備Flak 43型37mm高射砲的「東風」（Ostwind）式自走防空砲所取代。在實戰的表現上，**旋風式自走防空砲車對於地面部隊的殺傷力，遠勝於其對盟軍空中戰鬥轟炸機的威脅**，尤其是對於步兵或卡車之類的軟目標（射擊高速穿甲彈時，可以在300公尺的距離上擊穿49mm厚的裝甲，對地面目標的威力更甚於飛機），平射時的威力更不容小覷，殺傷效果宛如一輛「割稻機」。

戰鬥轟炸機剋星：閃電球自走防空砲

在失去制空權之後，德軍才驚覺本身地面部隊在機動防空的脆弱，尤其在諾曼第之役中最為明顯。在許多過渡性的自走防空砲產品中，以IV號戰車底盤開發的裝備包括：家具車、旋風、東風等防空砲，最終一款則是被稱為「閃電球」（Kugelblitz）的自走防空砲車（見第 276 頁圖 5-29）。

閃電球式自走防空砲**首次採用了類似空軍轟炸機全封閉式的球型砲塔**（重量約 3.5 噸），由於尺寸和重量都更大，所以車體得配備更大的砲塔環（同虎式戰車的 1,900mm），有一個出入用的艙蓋和兩個觀測孔，使用液壓旋轉裝置可以達到每秒 60°的旋動速度（手動轉動則為每秒 14°，能在 15.5 秒內完成 360°旋轉），俯仰角度從 -7°～ +80°（約 4 秒完成）。

該球型砲塔有厚 20mm 的裝甲保護，搭載雙管 MK 103 型 30mm 機砲，射速每分鐘 450 發，射程 5,700 公尺，備彈 1,200 發；此款機砲是以空軍版修改，也安裝於空軍的 Hs-129 型攻擊機與 Do-335「箭」（Pfeil）式戰鬥機。

由於採用彈鏈給彈，**遠比先前各款式高射砲的彈匣給彈方式高效許多，因此也被稱為「戰鬥轟炸機震懾器」**，不過由於機砲射速過高，彈藥只足夠持續射擊 90 秒，因此需要彈藥補給車在旁。

雖然閃電球式防空砲車的威力強悍，不過該型車款尚未來得及發揮戰鬥力，德國就已經投降了。據說只有**不到 5 輛的閃電球自走防空砲車製造完成，並且無一倖存到戰後。**

閃電球式自走防空砲堪稱是第二次世界大戰中最為現代化的防空砲車，這樣的設計趨勢一直影響到 1950 年代末期，連美軍的 M-42 清道夫式雙管防砲車也受其影響。

原本只有在倫茨堡（Rendsburg）德國國防軍陸軍「防空學校教導部隊」（Lehrsammlung der Heeresflugabwehrschule），還保存著一個完整的閃電球式防空砲車砲塔。後來因為組織

調整，陸軍防空部隊被裁撤，只好將其各種裝備與收藏品移至基爾海軍軍械庫存放，不知要等到何年何月才能重見光明了。

圖 5-29：戰後的自走防砲車，雖然多有受到閃電球防空自走砲車的影響，但該車目前僅剩球型砲塔供人懷念。（Photo／黃竣民）

9 摘錄自《閃擊英雄古德林》（*Panzer Leader*）。

10 非洲軍團在 1942 年 8 月時，於艾拉敏（El Alamein）前線有 40 輛IV號戰車，卻只有 8 輛能夠作戰。

11 二戰德軍以昆蟲名稱命名自走砲系列車款，1943 年底才將此名稱改為犀牛式驅逐戰車。

12 形容重到連推都推不動的大穀倉門。

13 他的外號為「維捷布斯克之虎」，曾經在 1944 年 12 月 3 天內，用 21 發砲彈摧毀了 21 輛 T-34 戰車。在東線負傷康復後，接掌知名的第 150 裝甲旅旅長一職，並參與阿登反擊戰。

14 在 1944 年夏天時，他任職於高砲團所屬的高射砲部隊，曾擊落 45 架盟軍飛機。

34. 堪稱完美：V 號豹式戰車

德軍裝甲部隊在橫掃西歐時，創造了攻無不克的輝煌戰蹟。但在 1941 年 6 月 22 日揮軍東征蘇俄時，裝甲鐵蹄雖然初期快速推進，不過沒過多久，戰場上便傳回令他們震撼的消息，**德軍戰車面對到與西歐軍隊完全不一樣的強勁對手──T-34 ／ 76 中型戰車和 KV 系重戰車；**尤其是 T-34 中型戰車的整體性能，幾乎壓制了德軍任何一款戰車，所謂的「T-34 衝擊」（T-34 Shock）也迅速在東線戰場的德軍中蔓延開來。

最優異的設計，其實大量參考蘇聯

德軍於是組成特別小組，前往占領區研究與蒐集情報，隨後便要求國內軍工廠也比照辦理，開發新款戰車以應付這樣的局面；而這一次被催生出來的產物，便是 V 號豹式中型戰車（正式編號為 Sd.Kfz. 171，見第 279 頁圖 5-30）。

派往蘇聯的委員會，檢查了戰場上被擊毀的 T-34 戰車，與當時德軍主力戰車相比，的確在設計上大幅超越 III 號戰車，其中最大的三項優勢包括：

- 傾斜式裝甲設計（讓同等裝甲厚度的鋼板產生更高的防護力）。
- 改良懸吊系統（能降低車高，並高速行駛於崎嶇不平的地形，提高在泥濘地的機動力）。
- 趨前砲塔的長管主砲設計（雖然讓戰車在森林或城市中的機動變得困難，但可以獲得更高的初速，進一步提高砲彈穿甲能力）。

其他還有為了減少受到攻擊機率，將啟動輪安裝於後部，並搭配各自獨立懸吊的大型路輪與寬版履帶，簡單但有效的履帶插銷歸正裝置等。

這些種種，都讓優越感高人一等的德國人感到驚訝。古德林將軍原本就對戰車量級過低有所抱怨，現在對於一手創建的裝甲部隊在東線遭遇如此窘境後，更加深了設計後續戰車規格的新指標。他提出以下要求：更大口徑的戰車主砲、更寬的履帶和更低的接地壓力，以應付「泥將軍」[15]地形；更高的裝甲防護力、更強力的發動機以保持較高推重比。

被德軍稱為 V 號戰車的豹式戰車，堪稱是二戰中整體性能最優異的中型戰車，**不過這並非是德國人的原創設計，而是大量參考 T-34 ／ 76 中型戰車的諸多優點，並結合德國人精湛且複雜的工藝才誕生的結果。**從 1941 年 6 月東線的部署看來，相較紅軍在開戰時就超過 1,200 輛 T-34 ／ 76 中型戰車、六百多輛 KV-1、KV-2 重型戰車，德軍堪稱主力的 III 號戰車（短砲管的 IV 號戰車主要擔負步兵支援的任務）數量在數量上已處於劣勢。

在一般狀況下，德軍裝甲部隊遭遇 T-34 戰車時經常會陷入苦戰，要不是開戰初期德軍掌握了制空權，和裝甲兵憑藉優良素質與豐富實戰經驗應戰，否則德軍初期攻勢能否進展得如此順利，就不好說了。畢竟當時紅軍才剛歷經過一陣「大整肅」，整體元氣尚未恢復，軍隊指揮官更有嚴重的斷層。

自展開征俄之途後，德軍裝甲部隊在東線最大的死敵，無非就是 T-34 戰車。早期的 T-34 ／ 76 中型戰車運用了許多新的設計概念，包括搭載 76.2mm 口徑主砲、採用「克里斯提」（Christie）懸吊系統、傾斜式裝甲設計間接提升了防護力、使用不易燃的柴油動力引擎、後置引擎後輪驅動等，重點還是結構簡單、易於生產。

德軍在東線戰場上初次嘗到「T-34 衝擊」後，才驚覺本身所使用的 III 號、IV 號戰車，不論是在火力、機動力和防護力各方面都與對手有極大的技術落差。在這點上，即使是德國的戰車設計師們，對蘇聯人的前瞻設計，也不得

圖 5-30：Ｖ號豹式戰車綜合性能出眾，但這是不斷改進缺陷才得到的結果，初期上陣也是問題不斷。圖為正在運往前線的豹式戰車。
（Photo ∕ Bundesarchiv）

不表現出難得的敬意！

　　當時德軍已著手開發新型的虎式戰車，所以也有人反對重新開發一款新戰車，尤其是時任「陸軍武器辦公室戰車材料部」（Abteilungschef der Panzer und Material Abteilung beim Heereswaffenamt）的塞巴斯蒂安・菲希特納（Sebastian Fichtner），畢竟當時用於取代Ⅲ號、Ⅳ號的 VK 20 已接近完成。

　　幸好，時任德國「帝國軍備和彈藥部」（Reichsministerium für Bewaffnung und Munition）部長弗里茲・托特（Fritz Todt）並沒有接受這種反對聲浪，仍然批准研製新型戰車的計畫，並將規格發給戴姆勒・賓士和 MAN 公司競標設計，原型車也才會有兩種面貌。

　　戴姆勒・賓士的設計採用板簧懸吊系統，不需要複雜的避震器，後輪驅動的配置提供了額外乘員空間，並允許前車體更大的傾斜度以獲得更佳避彈性。但缺點在於**它的外型與 T-34 太相近，恐怕會讓官兵產生辨識問題**，導致友軍之間彼此誤擊事件增多。而且尚需時間設計和生產全新的砲塔和發動機，前線已吃緊的戰事恐怕無法有這麼多等待時間。

　　而 MAN 則採用傳統的配置設計，驅動輪和傳動裝置在前，採用扭力桿懸吊與大型、重疊交錯的路輪，搭配與虎式戰車相仿的 V12 汽油發動機，砲塔則是以 VK 45.01（H）砲塔修改而成，並採置中配置。

　　這兩款設計於 1942 年第一季審查，雖然大多數人都屬意前者，但 MAN 在最後提交的文件中改善了其設計方案[16]。另外關鍵的是，古德林也將能快速投入生產列入考量重點之一，這就成為戴姆勒・賓士落選的致命傷。

　　而豹式戰車名稱的由來，則是後來的帝國軍備與彈藥部長阿爾伯特・施佩爾（Berthold Konrad Hermann Albert Speer）所提出，為了彰顯這款新戰車**與虎式重戰車相比之下，擁有類似的火力與防護力外，還有更靈活的機動力**（見下頁圖 5-31）。

圖 5-31：採用沙漠塗裝的黨衛軍第 4 裝甲師豹式 A 型戰車，陳列於德國辛斯海姆汽車科技博物館內，但豹式戰車實際上無緣參與北非戰事，僅在義大利戰場上且戰且走。（Photo ／黃竣民）

豹式戰車的生產型號比較特殊，它在命名上並沒有按照字母順序：初期是 D 型（Ausf. D），之後則是 A、G 型和 F 型。德軍原本寄望這一批新型戰車，能夠在東線庫斯克突出部戰役中立下奇功，但是因為引擎系統的可靠性出奇得差，讓豹式戰車的初登場顯得相當難堪。

依據 1943 年 7 月 10 日德軍第 48 裝甲團的戰報中指出，在庫斯克戰役爆發後，該團所屬的 200 輛戰車中有 131 輛待修、31 輛戰損，僅剩 38 輛妥善。儘管這主要是機件問題導致，**但部隊面的戰術訓練、無線電協調和駕駛員熟悉度似乎也都差強人意。**這樣的損耗，直接導致首批生產的豹式 D 型戰車幾乎在世上絕跡！

第一批豹式 D 型戰車（原型車和首批 250 輛），在動力系統上搭配邁巴赫 HL 210 P30 型 V12 汽油引擎，在 3500 轉時能提供最大輸出馬力 650 匹（485kW），隨著車重不斷上升（原本預計重量為 35 噸，最後卻增加至 44 噸），以致機動力下降而不符要求，過沒多久就換裝動力更強大的 23.1 升邁巴赫 HL 230 P30 型 V12 汽油引擎，最大輸出馬力 690 匹（515kW）。

雖然豹式戰車推重比已達到每噸 15.6 匹馬力，接近美軍的主力 M-4 雪曼戰車（雪曼比豹式輕了十幾噸），但它的油路管線容易漏油、變速箱時常故障、排氣孔與散熱器不佳，造成引擎容易過熱自燃，減速齒輪裝置更是短命（約只能行駛 150 公里）。其早期的引擎室是密封的，所以常有通風不良、散熱不佳，導致引擎過熱的現象。

而且初期採用非隔離式的燃料連接器，容易洩漏而讓引擎著火（**早期豹式戰車的組員曾戲稱，自動滅火器根本是標配**），徒增非戰損耗，後來透過隔離設計和冷卻效應解決上述問題後，才讓豹式戰車後續可靠性日漸穩定。被這些機件問題困擾的豹式戰車，直到 1945 年才逐漸克服，成為盟軍地面部隊的可怕對手，一直撐到戰爭結束。

豹式戰車搭載 KwK 42 型 70 倍徑 75mm

砲，砲管長達 5.25 公尺，這是由萊茵金屬公司研製，也是德國在二戰時期一款威力與精準度都相當出色的戰車砲，主要裝備於豹式戰車和IV號驅逐戰車，該砲**即使是和虎式戰車的 88mm 戰車砲相比，威力也不遜色。**

而豹式 A 型戰車主砲（見下頁圖 5-32）主砲採用改良過的 TZF 12a 型瞄準具，與早期 D 型採用的 TZF 12 型瞄準具不同，瞄準器的放大倍數為 2.5 倍及 5 倍變焦，瞄準器的視野為 28°及 14°，讓它具備遠距離精準射擊的能力。在一般戰場條件下，這門 70 倍徑 75mm 砲在使用 PzGr.39／42 型彈藥，**對 1,000 公尺距離的目標射擊時能達到 97% 的首發命中率。**當距離拉大至 2,500 公尺時，射擊同樣砲彈的首發命中率也能達到 29%。

而在使用 Pzgr.40／42 型合金穿甲彈射擊時，砲口初速為每秒 1,130 公尺，在 2,000 公尺距離，還可以貫穿傾斜 30°的鋼板達 106mm，也因為如此穿甲能力，讓它即使面對紅軍重型

戰車時也絲毫不畏懼。

此外重要的是，豹式戰車在射擊時，會在車內產生含有毒素的濃煙，但德軍裝甲兵的作戰技令規定，接戰時必須將所有艙門關閉，因此會產生排煙不及的現象，這一點包括德軍戰車王牌在內，應該都有深刻的體悟！

豹式的致命傷：反應、轉向速度不及

雖然豹式戰車出現許多機械性的大問題，讓德軍高層大失所望，但它的主砲威力仍讓古德林相當肯定。因為根據德軍在開戰一週內的統計，豹式戰車的砲射瞄準系統精度非常高，在 1,500～2,000 公尺距離已擊毀 140 輛紅軍戰車；更有一份可靠報告顯示，**有一輛俄軍 T-34 戰車，在高達 3,000 公尺距離被豹式戰車的 75mm 砲送上西天。**

反觀俄軍的 T-34／76 戰車，得挺進到 500 公尺以內才能對豹式戰車產生威脅。這樣的情況一直到蘇俄推出 IS-2 史達林式重戰車和美

圖 5-32：法國戰車博物館中的豹式 A 型戰車。要不是盟軍掌握絕對空中優勢，讓德軍裝甲部隊得東躲西藏，導致戰力無法發揮，否則戰車對戰中，豹式戰車的屠殺戲碼還會上演更多次。（Photo ／黃聖修）

國推出「潘興」（Pershing）式重戰車後才有改變，它們的主砲才具備在 1,500 公尺距離貫穿豹式戰車正面裝甲的實力。

檢討戰時報告，豹式戰車在攻擊時，面對臨時出現的目標經常無法取得射擊先機，其主要原因是射手僅有一部能觀察到 3,000 公尺距離的火砲觀測瞄準鏡，並沒有更大視野的潛望鏡。如此一來，車長在觀測到目標、下達指示給射手後，後者大約需要 20 ～ 40 秒的時間才能射擊。

豹式戰車也並非樣樣都是強項，戰後在法軍測試報告中即有記載，豹式戰車的砲塔轉動機構強度不足，當豹式處於超過 20°的斜坡時，即無法轉動砲塔，也無法保持砲塔固定。

根據戰後美國研究指出，豹式戰車的砲塔迴轉速度是每秒 10°（這還得看引擎提供的驅動力是否足夠），比起美軍以電動液壓為動力的雪曼戰車砲塔，馬達迴轉砲塔的速度為每秒 20°，**足足比豹式戰車快上一倍**[17]，**這讓盟軍的戰車在城鎮作戰時占了更多便宜。**

豹式 A 型戰車在 D 型基礎上做了更大的改進，除了機械結構外，還包括固定路輪的螺母從 16 個增加到 24 個，取消砲塔側面的彈殼拋出孔，增加 1 挺 MG34 前機槍等。這也讓豹式戰車的生產工時增加許多（生產 1 輛約需消耗 55,000 個工時），製造成本更不用說；製造 1 輛豹式戰車需花費 117,100 帝國馬克，比生產 1 輛Ⅲ號戰車的 96,163 帝國馬克、Ⅲ號突擊砲的 82,500 帝國馬克、Ⅳ號戰車的 103,462 帝國馬克都還要高，這個價格還不包括車上裝備和無線電的成本。

豹式戰車中也出現過幾位赫赫有名的人物，其中包括黨衛軍第 2 裝甲師的霍茲・弗雷德里希（Holzer Friedrich）上士，他在 1943 年 9 月 13 日指揮的戰鬥中，以 7 輛豹式戰車在科羅馬克（Kolomak）附近與七十多輛俄軍 T-34 戰車混戰。**在 20 分鐘戰鬥中，豹式戰車擊毀了 28 輛 T-34 戰車，本身沒有戰損。**

另一位豹式戰車最為人熟知的王牌，就是大

名鼎鼎的恩斯特·巴克曼（Ernst Barkmann）上士，他個人在諾曼第戰役期間，於勒納夫布爾（Le Neufbourg）和勒洛雷（Le Lorey）附近**缺乏空中掩護的激烈戰鬥下，在 2 天時間內共摧毀 15 輛雪曼戰車和其他車輛**，使該地區成為著名的「巴克曼之角」（Barkmann's Corner），因而被授予騎士級鐵十字勳章，其最終紀錄為擊毀 82 輛敵軍戰車。

拿下豹式，代價是 5～9 輛盟軍戰車

然而，西方盟軍是在哪裡初次遭遇豹式戰車的呢？答案是義大利戰場。盟軍第一次碰到豹式戰車是在 1943 年的西西里戰役，那些經歷過北非戰事的美軍裝甲部隊，已經是繳過「學費」的坦克戰好手，但豹式戰車的正面防護力仍讓他們留下了深刻的印象。美軍戰車上的 76mm 砲幾乎無法擋下豹式戰車，而豹式的 75mm 長管砲卻讓雪曼戰車叫苦連天，慘不忍睹。

後續根據統計資料顯示，**每擊毀德軍 1 輛豹式戰車，就要付出 5 輛雪曼戰車或 9 輛 T-34 戰車的代價**，這樣的交換比，讓即使擁有數量優勢的美軍也一度頗為傷神，幸好美軍與俄軍有的是數量優勢。而德軍裝甲兵之間也流傳著一種黑色幽默，聲稱：「我 1 輛豹式可以擊毀 10 輛雪曼，但他們總會冒出第 11 輛啊！」

德國在戰車設計上大轉型的代表性產品，應該非豹式戰車莫屬了！它的傾斜裝甲設計，加上 1943 年 8 月後採用新的焊接技術，讓豹式戰車正面除了原本的傾斜裝甲外（傾斜 55°），焊接時互相夾套更能產生額外的防護力（見下頁圖 5-33）。而究竟豹式戰車的正面防護力有多優異，可以從蘇俄軍方的測試報告中得到印證。

在庫斯克戰役後，紅軍將戰場上所擄獲的豹式戰車運回後方測試，在使用十餘種反坦克武器對其無情射擊後，發現只有 85mm 高射砲和 122mm 加農砲能在近距離擊穿豹式戰車的正面裝甲。即使使用 T-34／76 中型戰車主砲，在 500 公尺的距離射擊，**30 發砲彈中居然只有**

圖 5-33：豹式中型戰車，算是德軍戰車在設計上的新指標，率先採用傾斜式裝甲的車身正面，搭配強力的 75mm 長管砲，被評為二戰中性能最均衡的戰車。（Photo ／黃竣民）

1 發貫穿側面裝甲，其餘砲彈均被彈開。

　　另外值得一提的是，豹式戰車也是德軍**第一款搭載制式紅外線夜視裝備作戰的戰車**！隨著盟軍空中優勢越來越明顯，德軍裝甲部隊幾乎不可能大剌剌的在白天機動，德國人只好將重點放在研發夜視裝備上，希望將戰鬥轉移至夜間，以抵銷盟軍在物資數量上的絕對優勢（見第 290 頁圖 5-34）。

　　其實，早在 1930 年代，德國的一家電氣設備生產商——「通用電氣公司」（Allgemeine Elektricitäts-Gesellschaft，縮寫為 AEG）便使用陰極管開發出了夜視鏡的雛形，並於 1939 年計畫與 Pak 36 型 37mm 反戰車砲搭配使用，然而它的性能不管在簡易性與準確性上，均無法滿足國防軍要求。因此，後續研發就沒能獲得軍方支持而被叫停。

　　而德國知名的光學大廠——「卡爾‧蔡司」（Carl Zeiss）公司，也在 1941 年投入此領域，並加速了研發工作。1942 年秋季，有一批 ZG-1221 夜視鏡交付軍隊試驗，它們被安裝在「貂鼠Ⅱ」（Marder Ⅱ）反坦克自走砲車上。

　　1943 年時，古德林上將就建議為 Pak 40 型 75mm 反戰車砲研製紅外線瞄準鏡，測試結果非常成功，獲得批准量產，未來也擴大安裝到豹式戰車的指揮官艙口上，而這款首次搭載在戰車上的夜視裝置，就是 FG-1250「雀鷹」（Sperber）型紅外線夜視鏡。

　　雖然德國在夜視鏡運用技術上，在當時處於領先地位，但事實上也有許多反對者，保守派國防軍人士反對的理由，除了有違「騎士精神」外，主要還是夜視裝備在撥發給部隊初期容易出現故障（因振動、溼度、溫度等不利操作條件導致），造成官兵操作不便與信心不足。直到見識盟軍的空中打擊威力後，德軍心態才真正改變，轉而投入大量精力在這個項目。

　　1944 年 9 月，「下薩克森－漢諾威機械廠」（Maschinenfabrik Niedersachsen-Hannover，縮寫為 MNH）接獲命令要改裝 50 輛豹式戰車，

為其裝上夜視鏡、10 月 70 輛、11 月 80 輛……不過，這些擁有夜視裝置的豹式戰車也有缺點，**因為只有車長有夜視鏡，射手和駕駛手仍然只能在黑暗中摸索**，所有動作還得聽從車長指揮。此外更糟的是，雀鷹夜視鏡的最大距離只有約 600 公尺，在東線面對紅軍 T-34 戰車時，將不再有火砲射程優勢（豹式能在 800 公尺擊穿 T-34 正面裝甲、2,800 公尺擊穿其側面裝甲）。

儘管豹式戰車性能優異，也是德軍所有二戰生產戰車數量的第 3 名（僅次於 III 號突擊砲和 IV 號戰車），共計超過 6,000 輛豹式戰車走下生產線（見第 291 頁圖 5-35）；雖然當時德國人還樂觀的評估每個月將能有 600 輛的產量，不過後來證實，月產量 380 輛已經是極限了（由 MAN、戴姆勒・賓士、MNH 三家工廠共同生產）。相較於俄國 57,000 輛的 T-34 戰車總產量（含 76mm 和 85mm 砲型），**儘管 80% 的 T-34 戰車都已被擊毀（約 45,000 輛）**，也無法挽救東線戰場的頹勢。

豹式戰車還有一項有趣的祕辛，它在推出後不久即讓盟軍見識到其威力，此時西方盟軍為了準備在法國諾曼第執行「大君主行動」（Operation Overlord），卻苦無該型戰車實際產量的情報，只好聘請一批數學專家針對「德國戰車問題」（German tank problem）推算。

這群數學專家，透過在戰場上遭盟軍擄獲或摧毀的戰車，蒐集的車內不同零組件（包括底盤、變速箱、發動機、車輪等）序號，進而推算出德軍戰車產量，而且結果相當準確。

這是運用統計學理論，協助盟軍情報戰的偉大成就之一；另一個案例則是破解德軍用來加密訊息的「謎」（Enigma）式密碼機，這也同樣為後人津津樂道。

另一項戰後的研究指出，豹式戰車後期裝甲頻繁湧現品質問題，在中彈後導致裝甲破裂的後果，追究其原因不僅包括廠房的奴工常有蓄意破壞之嫌外（相信你也不會奢望你的戰俘、奴工們，會多積極的生產將用於對付前來解救

圖 5-34：豹式戰車自 1944 秋季開始，有一批被改裝搭載 FG-1250 雀鷹夜視裝備，以執行夜戰任務。（Photo ／ Wikimedia Commons by Unknown）

圖 5-35：豹式 G 型戰車是該款戰車的主力型號，有近 3,000 輛被投入戰場，整體性能相當穩定，被公認是二戰中最佳戰車。（Photo ／ Ralph Zwilling）

自己的人的武器）。在鋼材加工的過程中，也被發現有配方不實的情況。

戰爭末期德國的鉬、鎳、釩等各種貴金屬早已庫存不多，這些都為當時第三帝國軍備部長：阿爾貝特・史佩爾（Albert Speer）所知悉，而且繁雜的製造工藝，影響的是產品工時拉長，這對戰爭走向末期的納粹德國而言，前線官兵已無法再苦等後方工廠磨蹭，因此「先求產量、次求品質」（先求有、再求好），就成為當時德國軍工產業的真實寫照了！

缺少砲塔的宿命：只能「面對」對手

由於 V 號戰車成功的傾斜式裝甲設計，運用該型車體開發出的驅逐戰車——獵豹式驅逐戰車（正式編號為 Sd.Kfz. 173），也成為**許多歷史學者一致公認的二戰期間最佳驅逐戰車（見第 294 頁圖 5-36）**。

獵豹式驅逐戰車的承載系統與豹式戰車相同，相較之前的 III 號、IV 號戰車而言，是一種更進階的設計。它採用交錯複式路輪連接扭力桿，雖然這樣的設計在更早的 II 號 L 型偵察戰車（山貓）上亦可見到，但在豹式戰車以後的德軍戰車，基本上已全數採用這樣複式交錯型的路輪排列方式，以支撐越來越重的車重。

當然，每樣設計都有其優點，這種排列法的優點，是讓履帶增寬（寬 66 公分），具有較好的接地壓力，有效提升越野機動性能；**但一旦有任何一個路輪受損，那就需耗費更大的功夫處理**（須先把外側路輪移走，才能維修內側路輪），尤其在東線戰場的寒冬時節，據說經常發生路輪結凍導致戰車無法動彈的情況，不方便維修的特性，便是其最大的缺點。

獵豹車身防護力，則基本上與豹式戰車相同，正面傾斜裝甲厚 80mm（等同於 145mm 垂直裝甲的防護力）、側面裝甲厚 50mm 並延伸至車尾。傾斜設計加上更低的車身高度，大幅提升了獵豹式驅逐戰車的防護力。在負責伏擊作戰時，這樣的車身特質更有利發揮出其強項。

全車編制為 5 名（車長、射手、裝填手、駕駛手、無線電操作手），雖然少了砲塔，但艙內空間反倒寬敞許多。當時為了安裝這門強力的 KwK 43 型 71 倍徑 88mm 反戰車砲，必須將原始豹式戰車的尺寸擴充，以提供更寬敞的戰鬥艙內部空間，同時保持更低的車姿，所以後來豹式戰車 G 型及獵豹式驅逐戰車的側面裝甲厚度都予以修改增加，以便在共用車體以及生產上取得一致。

獵豹式驅逐戰車搭載的 88mm 砲（攜帶 60 枚砲彈），配備了 Sfl.ZF1a 型瞄準鏡（5 及 8 倍變焦），能在 3,000 公尺距離內摧毀敵軍戰車，砲盾有 100mm 厚、一樣有著「豬頭」造型的鑄造裝甲保護。真要挑剔的話，只能說主砲射角有限，左右橫向各只有 11°；高低俯仰角度為 -8°～ +14°。**這在戰鬥中是個嚴重的弱點，讓車輛正面朝向射擊目標，將使履帶轉向系統徒增磨耗，這也是驅逐戰車、突擊砲這一類無砲塔戰車的宿命**（見第 295 頁圖 5-37）！

無線電操作手則負責操作 MG34 機槍（備彈 3,000 發），後期車款還搭載了 NbK 39 型近距離防禦武器（Nahverteidigungswaffe），除可攜帶 16 枚 90mm 榴彈外，車內還有兩挺 MP40 型 9mm 衝鋒槍（備彈 384 發），供車組人員下車或自衛使用。**這門戰車砲的威力與「虎王」（King Tiger，又稱虎 II 式）重型戰車相同，**火力具有高度威脅性，從作戰紀錄上便可以看出它的強悍。

首批獵豹式驅逐戰車被列裝到第 559、第 654 重型反坦克營[18]，並於 1944 年 6 月抵達法國前線；其中第 654 重型反坦克營接收 42 輛獵豹式驅逐戰車；而第 559 重型反坦克營的每一連，則僅收到 14 輛編制中的 10 輛。到了 1944 年 7 月 30 日，第 654 重型反坦克營中的 3 輛獵豹式驅逐戰車在諾曼第附近的萊斯洛熱（Les Loges）待命伏擊英軍第 6 親衛裝甲旅的部隊，結果在短短兩分鐘內，便摧毀了約 10 輛英軍「邱吉爾」（Churchill）式戰車。

圖 5-36：獵豹式驅逐戰車與先前驅逐戰車明顯不同，外型更簡潔俐落，火力也更具威力。（Photo ／黃竣民）

圖 5-37：擁有厚 80mm 的正面裝甲、100mm 厚的砲盾，戰鬥室側面裝甲厚達 50mm（傾斜 60°），相較於主力戰車，獵豹驅逐戰車的外型更加簡單。（Photo ／ Ralph Zwilling）

儘管獵豹驅逐戰車戰鬥力不容小覷，但是在戰爭結束前的幾個月，許多獵豹驅逐戰車常常**因為小小的機械故障便被拋棄**，且在被部隊回收前盟軍就已占領了戰場。為了**避免被敵人俘獲，自行爆破裝備在當時德軍中十分普遍**。

　　在運用上，一些部隊將獵豹當成突擊砲使用，與步兵一起行動，而忽略其專長的防禦戰與遠距離砲戰，由於獵豹驅逐戰車的視角有限，這樣的運用反而造成了致命結果。一些受損的獵豹甚至被半埋在地上，當成固定砲座使用，當敵軍接近時便完全沒有脫救的機會，只能由車組人員自毀以免淪為敵方所有。

　　戰後，根據英軍對獵豹式驅逐戰車的情報報告中也指出：「獵豹式驅逐戰車的 88mm 砲初速高，擁有較厚的傾斜裝甲，機動性能優良，是一款非常強力的驅逐戰車……。」（DRAC TechIntDigest No.3 Appendix E）

15　指東歐春天融雪或秋天下雨，對未鋪砌或排水不良區域造成的泥濘，使部隊在深泥路上機動變得困難，也被稱為「拉斯普蒂薩泥漿」（Rasputitsa mud）。

16　據說 MAN 是從海因里希‧恩斯特‧克尼普坎普（Heinrich Ernst Kniepkamp）和其他官員的資訊中吸取教訓，克尼普坎普在戰後還成為參與開發西德豹 I 主力戰車的高級工程顧問。

17　美國「巴頓騎兵和裝甲博物館」館長查爾斯‧R‧萊蒙斯（Charles R. Lemons）對兩款戰車砲塔旋轉速度所進行的比較。

18　德軍當時的重型反坦克營編制，每連下轄 14 輛獵豹式驅逐戰車，全營編制 3 個連，營部有 3 輛，所以全營滿編是 45 輛驅逐戰車。

35. 盟軍的惡夢：VI 號虎式戰車

回顧二戰期間，話題性最高，模型廠商也最愛出品的戰車，無疑是 VI 號虎式重型戰車了！雖然俄國的 T-34 戰車產量是虎式戰車的 25 倍以上、美國雪曼戰車產量更接近其 35 倍之多。然而，就算走到歐陸戰場的最後階段，**只要有虎式戰車參戰的場合，它就是戰場上的主宰（見下頁圖 5-38）**。

回顧德軍西線戰役中的表現，德軍戰車在面對盟軍重型戰車的戰鬥中難有勝算，反裝甲部隊的小型反坦克砲也奈何不了它們，因此德國人才開始有研製重型戰車的想法。雖然在此之前，已零星的嘗試製造比 IV 號戰車更重的戰車（如 VK3001、VK3002 原型車）。然而，隨著地面戰局超乎預期快速的結束，這些研發又都被放棄了。直到入侵蘇聯前不久，重型戰車的開發才重新開始，後來在遭遇 T-34 中型戰車和

KV 重戰車後，該項目除了起死回生外，還被提升為重點關注計畫。

虎式重戰車披著厚重的裝甲，在戰場上橫衝直撞，配著強而有力的「長矛」（88mm 砲）打擊對手，不僅成功創造出一則則戰場神話，也培育出許多戰車王牌，為潰敗中的德軍譜出一段段悲壯的戰鬥篇章（見第 299 頁圖 5-39）。

盟軍在諾曼第登陸後，虎式重戰車在西線創下輝煌戰績，**使得盟軍自此患了「恐虎症」（Tiger phobia）**[19]。而虎式在東線時，也經常**打得 T-34 戰車砲塔掀飛十幾公尺**，這也是官兵常說：「T-34 戰車在向它『脫帽敬禮』。」的由來。

自從虎式重戰車下生產線後，德軍高層規畫給每個裝甲師都配備 20 輛，以擔任攻擊矛頭，但由於複雜的技術與過長的工時讓其產量

圖 5-38：虎式重戰車，於 1942 年中開始在德國陸軍服役，它們率先被新單位的重戰車營所使用。圖為 1942 年 5 月重戰車營官兵在法靈博斯特爾（Fallingbostel）接裝第一批虎式重戰車。（Photo ／ Bundesarchiv）

圖 5-39：第 504 重戰車營的虎式重戰車，由於砲塔損壞無法戰鬥而被擄獲。現在是英國博明頓（Bovington）戰車博物館的鎮館之寶，可以在一年兩次的「戰車慶典」（TANKFEST）活動中，看到它的英姿。（Photo ／黃竣民）

低的可憐，逼得指揮高層只好改變主意，將它們集中編組成獨立的「重戰車營」（Schwere Panzerabteilung），統一擔任軍團級以上的直屬部隊，扮演攻擊先鋒與防禦救火隊的角色。尤其對二戰末期的德軍而言，後者在戰場上搏命演出的戲碼可是多場戰局轉危為安的關鍵。

例如最富傳奇色彩的第 503 重戰車營，從 1942 年 12 月開赴東線參戰到 1945 年 5 月投降為止，**全營擊毀敵軍戰車紀錄超過 2,000 輛。**不過此等傲人的戰績，也是用官兵的生命與鮮血換來的，全營 53% 的軍官、26% 的勤務人員和 21% 的士兵都陣亡了。德軍戰車擊破王的排行榜中，許多王牌都是出自於這些戰功彪炳的單位。

出師不利：泥濘中的虎式

VI 號虎式（正式編號為 Sd.Kfz. 181）重型戰車，在二戰中期（1942 年）出現，是令盟軍部隊最感到恐懼的地面武器（見第 302 頁圖 5-40）。當時這輛龐然大物推出後，一下子就將德軍的 III 號、IV 號戰車等小尺寸的中型戰車比了下去，**它的噸位等級直上 50 噸**（當時歐洲大多數橋梁限重都只有 36 噸）。也難怪虎式戰車所到之處，都必須先有工兵在前開路，負責測試路面、加固橋梁等準備。一開始被投入錯誤地形作戰的決定，差點就毀了它的一世英名。

回溯 1942 年 8 月底，在東線列寧格勒附近投入首戰的 4 輛虎式重戰車，身陷不適切的泥濘地形。雖然第 502 重戰車營的營長理查德·梅克（Richard Märker）少校曾提出建議，避免將虎式重戰車投入這種森林茂密、排水不暢、且正逢雨季形成大片沼澤的地形，可惜上級並未採納，結果就是其龐大笨重的身軀陷入泥沼，導致傳動系統承受不了壓力而故障，還得靠 Sd.Kfz. 9 重型半履帶車拖救才成功脫身。

在經過半個多月的修理後（零件還必須從德國空運來）這 4 輛虎式才恢復戰鬥能力，於一週後再度投入作戰，可惜這次又全數因機械故

障而躺平。**比上次更慘，本次只救出 3 輛，另一輛想自毀以免遭敵偵知的決定也遭上級否決，拖了一段時日後才將其拖救出來。**

這樣的首戰成績傳到希特勒耳裡後，也難怪第 502 重戰車營營長理查德‧梅克少校會被調職，沒多久之後便在東線陣亡了。雖然虎式重戰車在初次登場的戰鬥表現不佳，但其優異的防護力也讓俄國人感到吃驚！

早期生產的虎式重戰車，搭載邁巴赫 HL 210 TRM P45 型 V 型 12 汽缸水冷式汽油引擎，雖然其最大馬力達 650 匹（478kW），但用來推動超過 55 噸的龐大車體仍顯得不足，所以只有一開始生產的 250 輛使用，後來改採性能升級過的 HL230 TRM P45 型 V 型 12 汽缸引擎，最大馬力達 700 匹（515kW）。

由於車重問題，無法沿用前期戰車所搭載的引擎動力裝置、懸吊系統、變速箱等設計，因此它採用液壓控制的可變速齒輪箱和半自動傳動系統，在必要情況下，可以透過單邊煞車迴轉。由於採用複式直徑為 800mm 的大路輪排列設計，讓它在行駛上舒適性大增，機動力也不差，最高時速可達到每小時 36 公里，跟IV號戰車幾乎不相上下，差別在於要推動這一輛巨獸，得消耗更多的燃料才行。

但是，如果要拆除內側損壞的路輪，就得一併卸下數個外側路輪，非常麻煩；同時，戰車龐大的重量全壓在懸吊系統上，導致後期維修困難，再耐用的懸吊系統也不堪負荷；這種複雜系統還有一個缺點，**那就是路輪間的間隙會因下雪或泥土結冰導致無法動彈。**這種情況，一直到日後新的全鋼製路輪被設計出來時，才得以改善。

一輛將近 100 萬，沒有敵人打得穿

論火力，讓盟軍士兵們談「虎」色變的武器，莫過於是這門安裝在虎式戰車上的 KwK 36 型 56 倍徑 88mm 戰車砲了，除此之外，讓虎式的戰車兵感到高人一等的原因，還有**這輛戰車單**

圖 5-40：虎式戰車的威名，讓盟軍都感受到這款鋼鐵巨獸的恐怖，在盟軍陣中患有恐虎症的不在少數。（Photo／黃聖修）

價將近 **100 萬帝國馬克，簡直是當時戰車界的超跑價！** 以一個滿編 14 輛虎式戰車的連為例，全連火力比一個完整的高射砲營（下轄 3 個各裝備 4 門 88mm 砲的高射連）還要嗆辣，而身為這些單位營長、連長的幹部們，其肩上重擔也可想而知。

這門 KwK 36 型 56 倍徑 88mm 戰車砲由克虜伯公司研製，也是當時歐洲戰場上最具威懾力的戰車砲之一。除了驚人威力外，德國人還為它配置精準度極高的 TFZ 9b 型瞄準器，配備 12 點鐘方位的指示系統，以利車長指示目標給射手，搭配低伸的彈道，即使射手誤判與目標的距離，仍然有相當高的命中機率。

受過訓練的德軍戰車射手須能在 1,200 公尺距離，用第一發砲彈擊中固定目標，在最大有效射程 2,000 公尺以內，只有當射程超過 1,200 公尺時，才有必要實施夾叉射擊。在此射程上，射手應在 4 發砲彈內擊中目標。對於在 800 ～ 1,200 公尺距離，以每小時 20 公里速度移動的

活動目標，射手應能以每 30 秒內 1 發砲彈的速度，在 3 發砲彈內擊中目標才算合格。

戰時英軍在一次射擊試驗中，讓一名英國戰車的手操作該型火砲，戰車在 1,100 公尺的距離射擊，連續 5 發彈著點均落在同一個 41×46 公分的目標靶上；在行進間射擊時，採用「動對靜」的方式（時速每小時 24 公里）向目標射擊 5 發，儘管射擊時的煙霧影響了射手瞄準，但在車長賦予的 5 個目標中，仍然命中了 3 個。

該型戰車砲的俯仰角度為 -9°～ +18°，主要裝載三種型號的彈藥：PzGr. 39 型彈道被帽穿甲彈（APCBC）、PzGr. 40 型合金穿甲彈（APCR），和 HI. 39 型高爆反戰車彈。根據德軍在東線作戰的記載，1944 年虎式重戰車有曾在 3,900 公尺距離，一砲擊穿俄軍 T-34 戰車的紀錄，該砲精準度無庸置疑。

另一項「傳聞」，則是奧托・卡利歐斯曾在虎式重戰車上，使用 88mm 砲擊落俄國 IL-2 型攻擊機的紀錄，雖然理論上戰車不會搭載防

空砲所使用的砲彈，**但這一門火砲原本就是由防空砲改良而成**，至於真實與否，可能也沒那麼多人在意[20]！

　　虎式重戰車除火力強大外，防護力也讓人吃驚，由於設計時間早於 V 號豹式戰車，這輛超過 55 噸重的戰車並未採用新式傾斜裝甲（Glacis plate）的設計理念（虎 II 式重戰車時就有了），但是它使用了當時德國品質最好的裝甲鋼板 —— 鎳合金鋼裝甲板，而且虎 I 式戰車的裝甲是採用冷軋鍛造鋼的工藝技術（緊密程度約可提高 6%），而非鑄造或早期的鉚接方式，讓它的防彈強度也有所增加。

　　車體前方正面裝甲厚 102mm（外加備用履帶增加額外防護），砲塔正前方砲盾裝甲厚 135 ～ 150mm，砲塔側面因使用了圓筒狀構造形成的曲面，在被砲彈擊中時能發揮不錯的防禦力，車身兩側和背面也有厚 82mm 的裝甲保護，而且採用較耗時、高品質的焊接方式（生產工時是其他同期德國戰車 2 ～ 3 倍以上），這樣的裝甲厚度讓虎式戰車能**在正常交戰距離上，承受絕大部分盟軍戰車發射的砲彈，尤其是來自正面的攻擊（見下頁圖 5-41）。**

　　根據戰後調查報告顯示，虎式戰車雖然總生產量超過 1,300 輛，卻沒有一輛在戰鬥中，車體正面遭敵人砲火貫穿，如果想擊毀虎式戰車，只能從別的方向射擊才有機會。

　　根據一份德軍第 503 重戰車營的作戰報告，曾有一輛虎式戰車，在歷經持續 6 個小時的戰車大混戰後，**全車共承受 227 發反坦克步槍彈、14 發 45mm 穿甲彈、11 發 76mm 穿甲彈、輕兵器不計其數的無情射擊，履帶、輪軸、懸吊系統等部位都受到嚴重損害，車組乘員卻毫髮無傷**，還在戰鬥結束後開了 60 公里返回後方野戰維修站，足見其驚人的防護力。

　　虎式戰車給予了車組人員更高的安全感，因此操作它的德軍裝甲兵儘管在面對具數量優勢的敵軍時，也有衝鋒陷陣的勇氣，也因此流傳出如此多的戰鬥軼事，與造就一批又一批的

圖 5-41：採用防磁塗裝的虎式重戰車，怎麼看都虎虎生風。它憑藉強大的火力與裝甲防護力，讓裝甲兵在戰場上衝鋒陷陣，並成就多位令人敬畏的戰車王牌，如米歇爾‧魏特曼（右上角）。（Photo ／黃竣民）

戰車王牌。

提到這些人物時，總是少不了：黨衛軍第1裝甲師的米歇爾·魏特曼上尉，他在法國波卡基村（Villers Bocage）的戰鬥中一戰成名，在短短15分鐘內，摧毀了英軍裝甲旅前衛部隊約25輛戰車、28輛半履帶車與卡車（其最終紀錄是138輛戰車、132門反坦克砲）。

而國防軍第502重戰車營的奧托·卡利歐斯中尉也不遑多讓，他累積的擊破數更高[21]，其著作《泥濘中的老虎》（Tiger im Schlamm）更是一本膾炙人口的經典作戰紀錄。軍迷們也戲稱，如果不是虎式戰車的組員，就無法成為「百輛俱樂部」的其中一員（擊毀敵軍戰車達100輛者）；這或許也是虎式戰車之所以威名不墜，永遠令人想探究其中不敗之謎的原因吧！

畢竟蘇聯及西方盟軍的戰車生產數量龐大，德國人處心積慮研製的虎式戰車，在數量劣勢下必須發揮以一敵十的戰果，不過令人欣慰的是，這些精銳的重戰車營往往不辱使命，例如第502重戰車營的作戰交換比為1：13、黨衛軍第103重戰車營也繳出1：12的成績，德軍在二戰期間產出的戰車王牌，也幾乎都跟虎式戰車脫不了關係。

故障與非戰鬥損失，虎式的唯一天敵

除了車重、耗油與維修複雜外，虎式的另一項缺點就是砲塔轉動速度，由於砲塔全重達11噸，迴轉動力是由引擎透過油壓系統轉動（迴轉一圈需1分鐘），這種旋轉速度經常會讓靠近的敵軍戰車逃走，戰車肉搏戰時也難以發揮，導致無法增添更多戰績。

戰後總結中，虎式戰車與敵軍戰車的作戰交換比為1：11.52，然而它也並非毫無缺點，由於戰時的混亂和機械性問題削弱了可部署的數量，還有大量非戰鬥損失（如拋錨和遺棄等），這些都直接讓數據急劇下降到1：5.25輛。

還有另一個非戰鬥的問題，那就是**製造成本和使用資源都非常高昂**，隨著戰爭進入末期，

德國在這兩者都相對減少，如何讓戰時生產取得更高的效率也就越來越關鍵。例如光是 **1 輛虎式戰車所用的鋼材，就能生產 21 門 105mm 榴彈砲**，其單價也足以生產更多便宜的戰車或突擊砲供前線使用，但這些對想仰賴「神奇武器」打贏戰爭的元首而言，似乎就沒有那麼重要了。

德國陸軍虎式戰車裝備部隊上同樣絞盡了腦汁，雖然能來接裝受訓的官兵都是一時之選，但軍事準則或操作手冊向來枯燥乏味，很難引起官兵閱讀的興趣。因此，時任裝甲兵總監的古德林上將簽署命令，為虎式戰車繪製一本風格獨特的操作手冊，這本名為《虎式戰車入門》（*Tigerfibel*）的小手冊，開啟了另類技術手冊的先河，它以充滿圖畫的方式和幽默俏皮的語氣，簡單表達出該型戰車的性能與作戰能力，方便官兵能在各種戰鬥條件下做出處置[22]。

這種做法不僅大幅提高官兵學習興趣，更讓這本小手冊成為戰車組員愛不釋手的工具書，連後來的豹式戰車或 V-2 火箭，甚至戰後重建

的西德都繼續沿用這種方式編撰必要手冊（見下頁圖 5-24）。

有鑑於虎式戰車的表現越來越受各戰線官兵青睞，這款日正當中的殺戮武器也正中希特勒的下懷，因此他要求在新型戰車上安裝威力更強的 71 倍徑 88mm 砲，並要有更厚的正面裝甲（達 150mm），以滿足他的虛榮心。

隨著元首對重戰車的迷戀程度、在各戰場上保有主動權的希望，和官兵對重戰車的依賴，新型的重戰車研製案由三家公司（MAN、亨舍爾、保時捷）各自提出了設計圖，不過 MAN 公司很快就退出了競標，轉為協助亨舍爾公司開發砲塔，這項新型重戰車的研製成果就是Ⅵ號 B 型（Ausf. B）戰車（正式編號為 Sd.Kfz. 182），坊間也多直稱為「虎王」或是「虎Ⅱ」式重戰車。

更大、更強的虎王，防護力竟打了折？

後續在戰場上見到的虎王重戰車，基本上

圖 5-42：這本名為《虎式戰車入門》的小冊子，開創了技術手冊的先河，大幅提升官兵學習意願。古德林在 1944 年卸任裝甲兵總監前夕，又簽署印頒了名為《豹式戰車入門》（Pantherfibel）的手冊，在書裡還提供了 敵我武器的對戰優劣勢比較，當時德軍編撰手冊準則的邏輯在此可見一斑。（Photo ／ Wikimedia Commons 公有領域）

有兩種款式（以砲塔型式區分），但其實兩款虎王重戰車所使用的砲塔，都是由克虜伯公司所製造，保時捷和亨舍爾本身都沒有製造砲塔，但後來坊間卻經常將配置弧狀砲塔稱為「保時捷虎王」（此款砲塔僅生產 50 座[23]，見第 312 頁圖 5-43）以方便和「亨舍爾虎王」區別（見第 313 頁 5-44）。

雖然德國早在 1937 年就提出研發重戰車的念頭，但從虎式戰車的例子可以發現，早期重戰車可靠性都有問題，尤其是引擎和傳動系統機件問題更是普遍，而這一點虎 II 重戰車也不例外，間接影響到它們的臨戰表現。

量產型的虎王重戰車搭載亨舍爾砲塔，在動力系統上搭載邁巴赫 V12 汽缸 HL 230 P30 型水冷式汽油引擎，最大輸出馬力為 690 匹（515kW）。使用邁巴赫 OLVAR EG 40-12-16B 型變速系統（8 個前進檔、4 個倒車檔），車尾採用雙出排氣管，油箱容量雖然有 860 公升，但在這種噸位下的身軀卻只足以行駛 170 公里（道路）／ 120 公里（越野）。

由於車重逼近 70 噸，因此在部隊機動與部署上形成困擾（許多道路與橋梁無法承載），尤其在二戰末期德軍喪失空中優勢的情況下，更是雪上加霜；**德軍的裝甲部隊白天根本不敢行進，都得在夜晚時才摸黑機動。**

虎王重戰車在防護力上又提升了一級，其車身正面有厚達 150mm 的傾斜裝甲，砲塔正面裝甲更達 180mm，砲塔側面裝甲 80mm 並呈 69°角傾斜，這讓它具備超乎同時期戰車的優異防護力。

儘管理論上，使用英軍的 17 磅砲（口徑 76.2mm），射擊脫殼穿甲彈（APDS）便有機會在 1,100 公尺擊穿虎王，但就實戰經驗而言，**盟軍通常不會有機會與它正面交手，因為虎王的火力強度老早可以在 2.5 公里外擊毀任何一輛盟軍戰車。**因此盟軍戰車射手或砲兵必須瞄準厚度為 80mm 的側面或後方裝甲，才有機會擊毀這輛速度緩慢的鋼鐵巨獸。

不過，戰後亦有報告指出，**戰爭末期所製造的虎王重戰車裝甲防護力，並沒有比虎式或豹式戰車還好**，主要因為製造工藝受到戰爭的急迫性影響，焊接技術與工序已不如先前，因此鋼板裝甲強度明顯下降。

以火力技壓群雄的虎王重戰車，在砲塔內安裝一門 KwK 43 型 71 倍徑 88mm 戰車砲，這也是整個二戰期間所有搭載可轉動砲塔的戰車中，威力最強的一門火砲。它比虎式戰車的 56 倍徑 KwK 36 型 88mm 砲管還長了 1.3 公尺，讓 KwK 43 型的戰車砲彈能放入更多發射藥。搭配射手專用的 TZF 9d 型瞄準鏡，更讓它擁有致命的精準度。

經測試證實，虎 II 重戰車在射擊 1,000 公尺距離，2 公尺高、2.5 公尺寬的目標靶時，其首發命中率為 100%，延伸至 1,500 公尺時，首發命中率為 95% ～ 97%，超過 2,000 公尺時則為 89% ～ 97%。

雖然在實戰中表現會有一些落差，且命中率高低與射擊彈種有關，卻也證明了虎王重戰車超優異的火力配系，足以對任何同時期的戰車產生巨大威脅。

身為繼承者，虎王戰績不如虎式

除少數的「保時捷虎王」外，搭載亨舍爾砲塔的虎王重戰車，其實才是這一型號的主力（雖然虎王一共才生產不到 500 輛）。不過虎王重戰車雖然擁有較虎式更厚重的裝甲和威力更大的火砲，**在戰場上整體戰績，事實上並不如虎式戰車來得令人敬畏。**

談起虎王重戰車王牌的排名時，一定會提到庫特·肯斯佩爾（Kurt Knispel）[24] 下士。他一共擊毀了 168 輛敵軍戰車（包括擔任射手期間的 126 輛，與擔任車長時的 42 輛，另還有未經證實的 30 輛），這也是迄今公認的戰車擊破王榜首。

附帶一提，虎王重戰車也參與了柏林慘烈的防禦戰，第 503 重戰車營堅持到最後德國投

降為止（1945 年 5 月 9 日），該營官兵在隔日（5月 10 日）才將他們的虎王重戰車自行毀壞，成為德國在戰爭中最後幾輛被摧毀的戰車。

虎王重戰車優異的防護力與火力，雖然令敵人感到畏懼，不過也犧牲了戰車應有的機動性，當戰爭末期德軍的後勤補給能力已捉襟見肘之際，這輛重型戰車的實戰表現不如預期已是事實，但其威名卻遠遠超過它實際的作戰效益。

外人應該難以理解，德國人為何在戰爭末期還執意要投注如此多的資源，在生產這類大而不當的武器上（**生產 1 輛虎王的成本可以生產 2.6 輛虎式、5.3 輛豹式、7 輛 Ⅳ 號、10 輛 T-34／76、7 輛雪曼**），令人匪夷所思！

盤點二戰時期投入實戰中最重，也是史上量產的裝甲車輛中噸位最重的款式，這款「獵虎」（Jagdtiger）式驅逐砲車（正式編號為 Sd.Kfz. 186），應該刷新了許多紀錄。但令人感到不解的是，德國人什麼時候不造，為何偏偏在國家資源快耗竭之際，才搞出這輛大而無

用的鋼鐵怪獸呢？

雖然推出這款驅逐戰車的原始構想，是為步兵提供直接火力支援，不管面對敵軍碉堡或戰車，都能輕鬆碾壓過去，這也拜先前使用 Ⅲ 號突擊砲成功的作戰經驗所致。該設計原本想採用豹式或虎式戰車的底盤，搭載一門威力更強大的 128mm 反坦克砲，不過後來以木質模型證明的結果，**豹式戰車的底盤根本無法承受如此重量**（僅該砲就超過 10 噸重），後來採用虎王式戰車的加長型底盤（+260mm）為基礎，才得以塞下。

原本計畫於 1943 年 12 月開始量產的獵虎式驅逐戰車，卻因為豹式戰車的優先順位，而讓生產時序推遲到 1944 年 7 月才開始。到了 1945 年 1 月德軍高層決定優先生產獵虎驅逐戰車時，德國的整體戰爭形勢與資源，已經不可能再支撐軍事工業這種規模的製造能量了。

獵虎驅逐戰車絕對是德軍在二戰中，最巨大卻最不堪用的武器之一。如果**以同等的資源與**

圖 5-43：這輛收藏於英國博明頓戰車博物館的虎王式重戰車，是由低碳鋼（soft steel）製成的戰車，也是虎 II 式戰車的第二輛原型車（搭配保時捷砲塔），沒有任何參戰紀錄；該車的火砲也不是原裝貨，而是抵達博物館之後才裝上去的。（Photo ／黃竣民）

圖 5-44：如果說英國伯明頓戰車博物館的「虎式 131」（Tiger 131）是他們的鎮館之寶，那法國索穆（Saumur）的裝甲騎兵博物館（Musée des Blindés）中的虎王戰車，絕對也有同樣的地位，它們都仍保有行駛能力，也都是各自博物館中最吸睛的收藏品。（Photo／黃聖修）

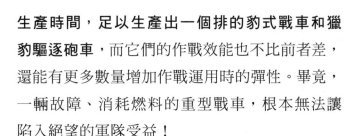

生產時間，足以生產出一個排的豹式戰車和獵豹驅逐砲車，而它們的作戰效能也不比前者差，還能有更多數量增加作戰運用時的彈性。畢竟，一輛故障、消耗燃料的重型戰車，根本無法讓陷入絕望的軍隊受益！

史上最重的巨型戰車：獵虎

這款霸王級的戰車基本上就像是一座慢速移動的堡壘，獵虎式驅逐戰車的動力心臟，雖然是與虎王相同的邁巴赫 HL 230 P30 型 V-12 水冷式汽油引擎，最大輸出馬力 700 匹（515kW），不過由於車重更大的關係，致使機動力表現又比虎王低了一階，推重比降為每噸 9.76 匹馬力，雖然油箱可搭載 865 公升汽油，卻是一隻不折不扣的吃油怪獸（行駛 1 公里要消耗 5 公升汽油），這對戰爭末期德軍的燃料消耗更是雪上加霜。

而比虎王重戰車更嚴重的是，由於安裝的是固定式戰鬥艙，直接將砲塔取消，雖然空間

方正也相對寬敞，車內組員作業較方便，但車載反戰車砲的射角卻受到極大限制（左右射界各轉動 10°、俯仰 -7°～ +15°），使得獵虎在一般的接戰狀況，都得靠轉動偌大的車體瞄準目標射擊，而不是調整火砲追瞄。加上本身噸位過重（Ⅲ號、Ⅳ號突擊砲的 3 倍重），因此根本不具備像Ⅲ號突擊砲的戰場靈活性（見第 316 頁圖 5-45）。

獵虎驅逐戰車所搭載的 55 倍徑 PaK 44 型 128mm 反坦克砲，是取自Ⅷ號「鼠」（Maus）式超重型戰車的同型款。該型火砲也出自克虜伯公司，總生產量不超過 100 門，專門提供獵虎驅逐戰車、Ⅷ號戰車和 E-100 型超重型戰車使用。該型火砲因使用分裝式彈藥，彈頭與發射藥分開儲放，使車室空間相對寬敞，全車可以攜帶 38 至 40 發砲彈。

其發射藥也有三種規格，在充任臨時野戰砲角色，對付一般步兵等軟目標時，會使用高爆榴彈（重 28 公斤），砲口初速為每秒 845 公尺，

威力跟榴彈砲沒兩樣。當要進行反坦克作戰時，則會使用高裝藥的穿甲彈（重 28.3 公斤），砲口初速增為每秒 950 公尺。使用 PzGr.43 型穿甲彈時，則能在 2,000 公尺距離貫穿傾斜 30°角的 178mm 鋼板，威力即使**美軍當時最強的 M-26 潘興戰車，遠在 2,100 公尺外的正面裝甲也承受不了。**

不過由於 128mm 反坦克砲採用分裝式彈藥，意味著需要兩名裝填手分別裝填彈頭和發射藥（車組人員的編制為 6 名，增為兩名裝填手），再裝填的時間較長，也導致獵虎射速不高，而且射擊後的巨大煙霧常會暴露己身位置，加上本身射手與駕駛手視野受限，大大影響了它該發揮的威力。

而機件磨損的夢魘也確實存在過，在野戰運動情況下，過重的砲管讓火砲支架難以承受，使該砲射擊準度被嚴重影響，得經過校準才能達到歸零可用，偏偏作戰時根本沒有那種閒工夫，除了守株待兔的伏擊戰可以一發入魂外，

一旦不預期的遭遇敵軍，命中率可會大打折扣。難怪連德軍的戰車王牌奧托‧卡利歐斯都嗤之以鼻，直呼都**還沒看見敵人，裝備就已經七零八落了**[25]。

德軍將這批數量有限（85 輛）的重型驅逐戰車，裝配給第 512、第 653 重型反坦克營（見第 317 頁圖 5-46）。不過這根本不足以讓德軍力挽狂瀾，因為機械結構與燃料補給的問題，讓獵虎式驅逐戰車只有極少比例在作戰中遭敵摧毀（根據已知資料顯示，**也沒有任何一型盟軍火砲可以擊穿獵虎的正面裝甲**），反而更多是因為盟軍空襲、機械故障或缺乏油料被遺棄、自行爆破在戰場上（例如第 653 營在砲火和空襲中損失 30% 的獵虎，其中 70% 是因故障不得不自毀，卻沒有一輛被敵軍戰車擊毀）。

即使許多專門摧毀敵軍戰車的擊破王（如奧托‧卡利歐斯，即擔任第 512 營第 2 連連長一職）在被轉調到這些單位後，也沒能再發揮先前使用虎式戰車的輝煌戰果。更甚者，戰爭

圖 5-45：二戰期間的量產戰車，以獵虎式驅逐戰車噸位最重，在戰爭末期還打造出這種「移動式的砲堡」，對各項資源已將枯竭的德軍而言，或許只加速了自己的敗亡。（Photo ／ Wikimedia Commons by Raymond Douglas Veydt）

圖 5-46：共 150 輛的獵虎式驅逐戰車訂單，最終因諸多因素致使實際產量只有一半出頭，預期戰果與戰場上實際表現也落差過大。
（Photo ／黃竣民）

結束前的德國裝甲兵素質早已大不如前，但令人不解的是德軍還將沒有作戰經驗的新兵派來操縱這些寶貴的裝備，許多年輕士兵的抗壓性與臨戰戰鬥技能都還不夠純熟，間接導致這樣威力強大的裝備無法發揮預期效果，根本是平白浪費昂貴的作戰資源罷了[26]！

有紀錄可考的戰績雖然不多，包括在德國投降的前一個月，第512重型反坦克營第1連的獵虎驅逐戰車，仍在阿爾伯特·恩斯特（Albert Ernst）連長的指揮下，朝一隊美軍裝甲縱隊伏擊，摧毀了11輛美軍戰車和超過30輛各型車輛，**其中一些雪曼戰車甚至是在超過4,000公尺外被擊毀。**

但這些曇花一現的戰果根本挽救不了「第三帝國」的敗亡，由於數量太少，圍繞在獵虎驅逐戰車上的神話，並不能闡述它的實戰用途，只能以這種武器的極端概念解釋了。

毀滅碉堡的怪物，威力僅次於轟炸機！

由虎式戰車底盤所開發的另一款武器，是火力可以狂暴形容的「突擊虎」（Sturmtiger）式重型突擊砲車，**其作戰威力僅次於轟炸機。**它的設計起源來自1942年德軍在南俄陷入史達林格勒殘酷的巷戰，使德軍終於體認到在城鎮作戰中，急需一款能破壞敵軍碉堡等堅固工事的強大火力支援武器。

雖然德軍先前已從Ⅲ號戰車改裝了「33型突擊步兵砲」（StuIG 33 B），和以Ⅳ號戰車所改裝的灰熊式自走砲，但這些依然無法滿足元首的偏執，於是以虎式戰車底盤為基礎，裝配更大口徑臼砲的自走砲車被發明，讓希特勒龍心大悅，馬上就批准生產（見下頁圖5-47）。

因為1944年末的德國在各戰線上均已力不從心，希特勒亟需新式武器投入戰場以挽回局面；而突擊虎陰錯陽差的火力配備（原本只預定裝配210mm榴彈砲，但工程師改裝需要時間，且預定的榴彈砲也無著落，因此權宜之計就**把海**

圖 5-47：突擊虎式重型突擊砲，在德軍中被戲稱是「插著樹樁的怪物」，其使用的 380mm 口徑砲彈，看著就令人震撼。（Photo ／黃竣民）

軍用於反潛火箭的發射器改裝，成為火箭砲版的**自走迫擊砲車**〔Mortar rocket launcher〕），正好滿足當時獨裁者大口徑、大噸位的偏好。

不過當德軍看到這樣的裝備後，一時之間也不知所措，因此謔稱該車是「插著樹樁的怪物」。直到它發揮驚人的火力之後，他們才驚覺，這是一款用於城市攻堅的大殺器。

突擊虎的底盤和動力裝置引擎均同於虎式戰車，動力系統搭載邁巴赫 HL 230P45 型 V-12 水冷式汽油引擎，最大輸出馬力近 700 匹（515 kW），不過由於突擊虎比虎式戰車還重（前者 68 噸，後者 54 噸），以至於推重比下降至每噸 10.7 匹馬力，最高時速每小時 40 公里、最大行駛距離僅 120 公里。

不過對戰爭末期的德軍而言，實施防禦作戰已經遠超過攻擊，因此這樣的性能表現其實已經足夠，而且突擊虎式重型突擊砲車的數量實在太少，獨木難撐大局啊！

突擊虎式重型突擊砲車所搭載的 61 型 5.4

倍徑 380mm 臼砲，是一種從後膛裝填的火箭砲，功能卻又可以像步兵的迫擊砲那樣，將火砲仰角調整以增加射程，或者射擊制高點目標。砲膛內的膛線繞距為 205.4 公分，其為了排洩射擊時所產生的毒瓦斯並降低膛壓，設計有環繞砲口一圈的排氣孔，讓該型火砲素有「胡椒罐」（Pepperbox）外號。

它的砲管只有 2 公尺，而要發射的火箭彈彈體卻長達 1.5 公尺，彈頭為 125 公斤裝的高爆炸藥或成型裝藥（Shaped charge），**彈體重達 345 ～ 351 公斤，射程可達 5,650 公尺**。在射擊時，發射藥會將彈體以每秒 45 公尺的速度推出砲管，彈體本身 40 公斤的燃料被點燃後，會再將彈頭以每秒 250 公尺的速度推送到目標。如果要打擊的目標是堅固據點或碉堡，則會改用成型裝藥的彈頭，**其爆炸威力可以貫穿 2.5 公尺厚的水泥牆**。

它在對付大量有生目標時特別有效，因為爆炸的碎片危險區域可達 500 公尺；如果使用

空炸信管，散布的危險區域將會更大。不過由於彈藥太重，因此全車只能攜帶 14 發而已，因此在實戰中還得有彈藥車跟隨，也由於裝填程序較為複雜與不便，致使突擊虎式重型突擊砲車射速很慢，通常一分鐘不到 1 發。

從 1943 年 10 月至 1945 年 1 月這段期間，一共只生產不到 20 輛突擊虎。在投入實戰方面，只有第 1000 裝甲突擊臼砲連參與華沙抗暴行動，雖然僅兩輛車投入戰鬥，不過這也是突擊虎首次，也是最後一次有如此稱職的表現，不辱當初設計它時的使用構想。

一發足以震撼整個戰車排，但精準度極差

最後一次較有規模的參戰紀錄是阿登反擊戰，不過將第 1000、1001 這兩個裝甲突擊臼砲連的全部家當加起來，也只有 7 輛突擊虎可用，也沒有更好的戰果足以載入史冊。後來在戰爭結束之前的幾個月，與美軍在雷馬根（Remagen）大橋爭奪戰中，德軍也調動了這兩個裝甲突擊臼砲連，本想運用其大口徑火箭彈的爆炸威力來炸橋（德國人幾乎用盡了一切手段和武器試圖摧毀這座橋，包括 Ar-234 噴射轟炸機、V-2 火箭、蛙人、600mm 的卡爾臼炮、水雷、炸藥等），但後來發現它們的射擊精準度很差，德軍還嘲諷突擊虎的車組人員堪稱「最差勁的砲兵」！

不過在這次作戰行動中，也出現唯一一次突擊虎對戰盟軍戰車的紀錄，據稱部署在迪倫（Düren）和尤斯基興（Euskirchen）附近隸屬第 1001 裝甲突擊臼砲連的一輛突擊虎突擊砲車，轟擊一座村莊中的雪曼戰車排，**幾乎導致美軍戰車全都失去作戰能力，其車組人員在 380mm 彈藥爆炸的瞬間非死即傷，因為爆震威力實在太大，讓這些美國大兵們印象深刻。**

傾斜 47° 的 150mm 厚裝甲防護，以突擊虎式重型突擊砲這種職司步兵火力支援任務的車種，實在有點過於鋪張，此等防護力基本上已遠超過盟軍當時的主力戰車。要不是生不逢時，突擊虎的戰場表現理應可以更好，而不是在戰

爭末期一連串的防禦戰中，只被當作固定砲堡使用，最後不是被盟軍的制空權收拾掉，就是因機械故障或缺乏燃料被官兵自行爆毀、遺棄，說起來也是一款命運多舛的車款。

虎式的攣生兄弟，保時捷打造的「象」

一樣在庫斯克會戰中首度登場的「斐迪南」（Ferdinand）式驅逐戰車（正式編號為Sd.Kfz. 184），並非跟豹式戰車一樣是全新的設計，反倒像是一款回收舊底盤改版而成、舊瓶裝新酒的產品（見下頁圖5-48）。

探究其原因，當時兩家大廠（保時捷與亨舍爾）在競標虎式重戰車時，意外落敗的保時捷卻已經先製成 90 輛 VK4501（P）樣車的底盤，而在不想浪費資源的情況下，依照希特勒的指示，才將這批車體改造成類似突擊砲的重型驅逐砲，而最終定型的成果便是斐迪南／「象」式（Elefant）重型驅逐戰車[27]。它們沒有經過測試，就已經被送到戰場，接受戰火洗禮了。

象式驅逐戰車的動力與懸吊系統，有著與二戰時期其他戰車明顯不同的布局設計，它在動力的部分採用兩部（一邊一部）邁巴赫 HL 120TRM 型 V-12 汽缸水冷式汽油引擎，總輸出馬力近 600 匹（442 kW）。成組縱向扭力桿的懸掛方式很有創意，會占用較少車內空間，結構也比較緊湊，但缺點在於作動範圍較小，抗衝擊能力也較差。

由於避震彈性不足，更難以支撐如此重的車體，其戰鬥全重達 65 噸，所以最高時速只有每小時 30 公里，而且非常耗油。即使攜帶了 1,080 公升燃料，能行駛的作戰範圍也只有 150 公里（而且還是一般的道路狀況下，越野時僅有 90 公里）而已。

雖然它的懸吊系統一般能行駛 500 公里，但引擎的出力不足經常導致故障發生（如閥門破損、活塞粉碎、機件龜裂等情況），最終成為不得不於戰場上放棄它的原因（又**因本身重量的緣故，也讓它們在戰場拖救時困難重重**）。

圖 5-48：全世界只剩兩輛象式驅逐戰車被保存下來，這一輛隸屬於第 653 重型反坦克營，被存放於美國李堡的「陸軍軍械博物館」（Army Ordnance Museum）中。（Photo ／黃竣民）

雖然這些戰車在庫斯克會戰中損失慘重，主要是缺乏近戰武器，而遭紅軍步兵摧毀或機械故障，但該型驅逐戰車的防護力仍讓高層留下深刻印象。其車體前部裝甲厚達 200mm，戰鬥室前部亦有厚 200mm 的裝甲保護，可以看出象式驅逐戰車的**防護等級之高，足以讓 T-34 戰車的 76mm 主砲像爆竹一般的無力。**

據報導，曾有 7 輛 T-34 戰車及 4 門 Zis-3 加農砲同時集中射擊該車體的紀錄，卻完全沒有一輛象式驅逐戰車被俄軍戰車砲正面擊穿。光是第 653 營在第一天戰鬥後的檢視，其中一輛象式驅逐戰車的正面竟然有一百多個彈坑，證明其被反坦克加農砲**命中超過上百次，卻仍安然無恙，乘員也毫髮無傷，戰車仍可繼續戰鬥。**

象式驅逐戰車搭載的火力，是一門 Pak 43／2 型 71 倍徑的 88mm 反戰車砲，該型火砲由克虜伯公司以萊茵金屬的 Flak 41 型 88mm 高射砲為基礎開發而成，也是德軍中服役數量可觀且威力強大的一款反戰車砲。

該型火砲的高低射界為 -8°～ +14°，方向射界左右各 14°，採手動操縱方式，砲口處裝有制退器以減少火砲射擊時的後座力。車內所使用彈種為穿甲彈和高爆榴彈，攜帶彈藥數量為 55 發。該砲最大射程達 5,000 公尺，可以在 2,800 公尺外擊穿 T-34 戰車、3,000 公尺外擊穿 M-4 戰車，即使是二戰中裝甲最厚的 IS 系列戰車，在這款火砲面前也顯得非常脆弱。

雖然後來象式驅逐戰車真正投入實戰的數量並不多，但是對敵軍士兵造成心理恐慌卻是不爭的事實。端視裝備著象式驅逐戰車的第 653 重型反戰車營，就獲得 13：320 的戰鬥交換比，又如第 656 重型反坦克團（第 653、654 重型反坦克營，編配 90 輛象式驅逐戰車，外加第 216 突擊砲營共同組成），在開戰後一個月便**擊毀了敵軍戰車 502 輛、野戰砲約 100 門及反坦克砲 20 門，讓蘇軍的戰損達到不敢寫進戰報的丟臉程度。**

隨著象式驅逐戰車大殺四方，許多紅軍前

線士兵也因此患上「象式症候群」，一般分為「妄想症」和「恐懼症」。前者是由於過度緊張，而產生擊毀該車、成為英雄的幻覺（1943年7月後，俄軍指揮部每天都會收到上千份來自下級的戰報，宣稱他們擊毀了象式驅逐戰車，但德軍實際上卻只有50輛該型車在前線作戰）。而後者還會傳染整個前線的俄軍，讓他們把所有德軍的自走砲都稱為象式，嚴重到見了就跑的程度。

後來隨著戰局演變，象式驅逐戰車除了在東線持續奮戰外，也在義大利和美軍交手過，1944年6月在羅馬郊外的戰鬥中，德軍用兩輛象式驅逐戰車硬是擊退了30輛美軍戰車，**讓美軍除了有「恐虎症」外，又加了一條「恐象症」。**

象式驅逐戰車的王牌是特里托‧海恩利希（Teriete Heinrich）中尉，其擊毀戰績是22輛。儘管戰果突出，但象式驅逐戰車卻有著與當時德軍重戰車相同的命運，尤其缺乏近戰武器，在面對反坦克作戰經驗豐富的俄軍步兵，以及「黑

色死神」IL-2攻擊機夾擊下，讓象式驅逐戰車的戰損幾乎都出自空中攻擊、故障、誤觸地雷或遭步兵近戰摧毀，實在是英雄無用武之地！

因活用戰車而崛起，卻忘本而敗亡

綜觀二戰期間納粹德國所裝備部隊的戰車，簡單的說，就是從 I 號輕戰車到 VI 號重戰車，別以為70噸的戰車就會滿足希特勒的胃口，這位大獨裁者尤其喜歡口徑大、噸位大的武器。尤其當戰爭的腳步進入中、後期階段時，這樣的病態越來越嚴重，直接導致德軍在後期戰爭資源逐漸匱乏下，還得將寶貴的物資投入夢幻但無效的武器研製，反而成為一種諷刺（**德軍以機動力強的輕型戰車在開戰初期取得勝利，後來卻因執迷於重戰車而輸掉戰爭**）！

盤點那些來不及問世或僅存在於紙上的戰車，有被命名為 VII 號戰車的「獅」（Löwe）式重戰車（約重 75 ～ 90 噸）、E-100（約重 140噸）式重戰車、接近 200 噸重的 VIII 號鼠式超重

型戰車（見第 327 頁圖 5-49）。由於它們測試時間長、需要克服的問題太多、油料消耗巨大、移動速度太慢、越野能力貧弱、造價高昂等。這些對於強弩之末的德國已經不堪負荷，時間也不允許了，最終只會淪為盟軍擄獲的戰利品而已。

更瘋狂的還有紙上談兵、被稱為是「陸地巡洋艦」（Landkreuzer）的 P-1000 型（計畫搭載兩門 280mm 火砲、1 門 128mm 火砲等武器，由兩具潛艦柴油發動機驅動），P-1500 型「陸地巨艦」（Monster）則是輛重達 1,500 噸的砲架，火力根本就是「古斯塔夫重砲」（Schwerer Gustav）的等級，能發射 800mm 砲彈打擊遠在 37 公里處的目標。這些超重型戰車，只在戰爭史的洪流中匆匆閃過，並沒留下什麼紀錄。

---

19 事實上，在 1944 年 6 月時的西線戰場，虎式戰車的實際部署數量根本不超過 90 輛。但英軍官兵常一看到虎式戰車就上報，導致情資被逐級誇大，其實多為誤判（因為 IV 號戰車有稜有角的類似外型所致）。英國陸軍上將伯納德·蒙哥馬利（Bernard Montgomery）還親自下令禁

止有關虎式戰車獲勝的報導，以維護英軍部隊的士氣。

20 雖然對空目標射擊並非主力戰車本業，但目前德國裝甲兵已將「對空目標射擊」納入正式課程，射擊模擬器上也有此訓練模式設定。

21 最早的虎式戰車培訓暨補充兵單位於帕德博恩（Paderborn）成立，名為「第 500 裝甲訓練與補充兵營」（Panzer Ersatz und Ausbildungs Abteilung 500），戰後營區被駐德英軍的裝甲部隊使用時，改名為「巴克軍營」（Barker Barracks）。該處英軍已於 2020 年前撤離德國，營區目前處於關閉狀態。

22 因德軍戰功的擊破數量記在車長和射手兩人，有些射手後來升任車長，其戰績則會直接累加。最有名的就是與魏特曼同車的射手，也是唯一獲頒「騎士級鐵十字勳章」（Ritterkreuz des Eisernen Kreuzes）的士官射手：巴塔沙爾·沃爾（Balthasar Woll）。

23 這 50 輛「保時捷虎王」重戰車，後續均全數參與德軍在東、西線戰場上的戰鬥，可惜因機件因素與作戰條件不佳，德軍被迫為了避免資敵或遭敵擄獲後被研究，自己將其爆破的數量反而比實際戰損的還多。

24 他被認為是戰車界中的「紅男爵」，曾從 3,000 公尺的距離摧毀 T-34 戰車，也是國防軍公報中唯一被點名的士官，但是卻從未獲頒過騎士級鐵十字勳章。

25 獵虎驅逐戰車只要一越野行駛，震動就會造成主砲的瞄準線與光學瞄準鏡不再一致而導致失準。這在他著名的回憶錄《泥濘中的老虎》中有被特別記載。

26 奧托·卡利歐斯在《泥濘中的老虎》一書的末章提及。

27 在 1944 年 2 月改名為象式驅逐戰車。

圖 5-49：陳列在俄羅斯「庫賓卡戰車博物館」（Kubinka Tank Museum）內，由廢車組裝而成的 Ⅷ 號鼠式戰車，是目前唯一一輛可供世人參觀的納粹德國超重型戰車。（Photo ／ Wikimedia Commons 公有領域）

致謝

在寫作與素材蒐整期間，有幸獲得下列人員協助，特此感謝！

江際泰、李卓儒、李麗華、何玠芬、林郁盛、周皓瑜、范秀香、徐浩源、康銀壽、許琮和、許裕明、許誠宜、張熙、張鈞凱、張寓嫻、張趙淑珍、傅俊銘、黃采婕、黃寶鈴、黃偉銘、黃聖修、葉金玉、劉同禮、楊曉光、蔡翊群、蘇玉香、立崴股份有限公司、漢元技研有限公司。

Special thanks to:

André Potzler (7 TAC), Carl Schulze, Christoph Schulz (Rheinmetall), Davor Bendin (Rheinmetall), Dr. Frederick Feulner, Dr. Michael Günther (Rheinmetall), Dr. Rolf Wirtgen (BAAINBw), Eduardo Veen Martinez (Rheinmetall), Ernst Scheuerlein, Eury J. Cantillo (Army Museum Enterprise), Frank Baunach (Combat Camera Europe), Generalleutnant Juergen Ruwe (a.D.), Hauptmann Siegfried Müller (VFF), Oberfeldwebel Michael Bucher (a.D.), Oberstleutnant Frank Lobitz (BAAINBw)

Oberstleutnant Georg Küpper (Bw), Oberstleutnant Karl Heinz Thönissen (a.D.), Ralf Raths (DPM), Ralph Zwilling (Tank-Masters.de)

此外，在 COVID-19 疫情期間，曾協助過我的凱爾·韋伯（Kalle Weber）、亞歷山大·庫珀（Alexander G. Küper）中校、卡爾－西奧·施萊歇爾退役上校等友人陸續離世，在此深表遺憾！

TELL 055

德國坦克不敗的祕密

作　　　者╱黃竣民
責任編輯╱楊　皓
校對編輯╱張祐唐
美術編輯╱林彥君
副 主 編╱馬祥芬
副總編輯╱顏惠君
總 編 輯╱吳依瑋
發 行 人╱徐仲秋
會計助理╱李秀娟
會　　　計╱許鳳雪
版權主任╱劉宗德
版權經理╱郝麗珍
行銷企劃╱徐千晴
行銷業務╱李秀蕙
業務專員╱馬絮盈、留婉茹
業務經理╱林裕安
總 經 理╱陳絜吾

出 版 者╱大是文化有限公司
　　　　　臺北市 100 衡陽路 7 號 8 樓
　　　　　編輯部電話：（02）23757911
　　　　　購書相關諮詢請洽：（02）23757911 分機 122
　　　　　24 小時讀者服務傳真：（02）23756999
　　　　　讀者服務 E-mail：dscsms28@gmail.com
　　　　　郵政劃撥帳號：19983366　　戶名：大是文化有限公司

法律顧問╱永然聯合法律事務所
香港發行╱豐達出版發行有限公司　Rich Publishing & Distribution Ltd
　　　　　地址：香港柴灣永泰道 70 號柴灣工業城第 2 期 1805 室
　　　　　Unit 1805, Ph.2, Chai Wan Ind City, 70 Wing Tai Rd, Chai Wan,
　　　　　Hong Kong
　　　　　電話：21726513　傳真：21724355　E-mail：cary@subseasy.com.hk

封 面 設 計╱林雯瑛
內 頁 排 版╱吳思融
印　　　　刷╱緯峰印刷股份有限公司
出 版 日 期╱2023 年 7 月初版
定　　　價╱650 元（缺頁或裝訂錯誤的書，請寄回更換）
I　S　B　N╱978-626-7251-58-4
電子書 ISBN╱9786267251560（PDF）
　　　　　　9786267251577（EPUB）

國家圖書館出版品預行編目（CIP）資料

德國坦克不敗的祕密：臺灣唯一登上豹II戰車的軍武專
家，第一手觀察德國製造精神，如何造出各國最想擁有
的陸戰大殺器／黃竣民著. -- 初版. -- 臺北市：大是文化
有限公司, 2023.07
336面；24.5×19公分. --（TELL；055）
ISBN 978-626-7251-58-4（平裝）

1.CST：戰車　　2.CST：德國

595.971　　　　　　　　　　　　　　　112001873